오 화정

직업	현) 리안헤어 영등포 신세계 점 대표
	현) 백석문화대학교 외래교수
사회적 활동	(사) 한국 헤어디자인협회 상임이사
	(사) 대한 미용사회 기술 강사 21기
	한국 법무 보호 복지공단 서울지부 협의회 사무처장
학력	서울기독대학교 대학원 석사 졸업
자격	미용 기능장
	이용기능장
	2017년 세종시 기능경기대회 은메달
	직업상담사 1급
	직업 훈련 교사 2급

안 소은

직업	현) 다온헤어 대표
	현) 정화예술대학교 겸임교수
사회적 활동	(사) 한국 헤어디자인협회 법인 이사
	(사) 대한 미용사회 기술 강사 23기
	한국 법무보호 복지공단 서울지부 봉사위원
학력	건국대학교 대학원 석사 졸업
자격	미용 기능장
	이용기능장
	2017년 서울시 기능경기대회 은메달
	직업 훈련 교사 1급

시험 준비를 위한 10 계명

끝까지 포기하지 마세요.

자신을 믿으세요.

건강 관리를 잘하세요.

계획을 세우고 실천하세요.

스트레스를 관리하세요.

친구나 가족과 함께 소통하세요.

긍정적인 마인드를 가지세요.

모의고사를 자주 보세요.

시험 전에 긴장감을 낮추고 집중력을 높이세요

마지막 순간까지 최선을 다하세요.

책을 펴내며

미용 대학교 입시를 위해 열심히 노력하는 학생 여러분들과 또 다른 시험을 준비하는 미용인들에게 인사 드립니다.

미용과 합격을 위한 실기시험이 필수이므로 실기시험에 대한 부담감이 없다고는 할 수 없을 것입니다. 가장 기본인 헤어커트에 대한 문제 풀이가 중요합니다. 그래서 입시생 및 커트의 부족함을 채우기 위해 노력하는 분들을 위한 커트의 가장 기본 베이직 이론을 요약하고 도면 풀이 및 시술 방법에 대한 예상 문제집을 집필하게 되었습니다.

이 예상 문제집은 미용과 헤어 입시 실기시험을 준비하시는 학생들과 헤어 커트를 심층적으로 학습하고 싶어 하는 미용인들을 위해 베이직 이론과 도해도 풀이와 도면 풀이를 학습할 수 있도록 문제의 유형을 다양하게 구성해 보았습니다.

저희 헤어커트 예상 문제집은 수험생 여러분의 미용과 합격을 위함이고, 미용 선배들에게는 또 다른 도전을 위한 필요한 지식과 스킬을 향상 시키는데 큰 도움이 될 것입니다. 많이 이용해주시고 궁금한 점이나 개선사항이 있다면 언제든 의견을 주시면 최대한 반영하겠습니다.

헤어 커트는 첫 번째 제작이고 다음 편 제작은 헤어스타일링 입니다.
많은 기대 부탁드립니다.

수험생 여러분들의 합격과 예비 미용인들 성공을 기원합니다.

학습 목표

1. 헤어 커트의 개념을 이해하고 헤어 커트의 정의를 할 수 있다.

2. 4가지 기본 형태의 모양, 구조, 질감에 대해 알 수 있으며, 혼합된 헤어 커트의 형태를 분류할 수 있다.

3. 헤어 커트를 시술하는데 7가지 커트 절차를 순차적으로 활용할 수 있다.

4. 4가지 기본형(솔리드, 그래쥬에이션, 인크리스레이어, 유니폼)과 관계된 7가지 커트 절차에 대하여 알 수 있다.

5. 혼합형에 추가되는 각 기본 형태의 특성에 대하여 알 수 있다.

6. 각 4가지 응용한 혼합형의 특징과 구조를 이해하여 이미지 분석할 수 있는 기술적 지식을 이해할 수 있다.

7. 1가지 이상의 커트 스타일을 혼합하여 얼굴형, 두상, 신체형을 판단하여 디자인을 결정할 수 있다.

8. 형태에 맞는 도구를 다양한 질감 처리 방법으로 완성하는 방법을 배울 수 있다.

9. 사진 분석을 통해 도해도 작업을 하고 커트 절차에 따라 시술을 할 수 있다.

10. 도해도를 분석하여 커트 시술을 할 수 있다.

CHAPTER 1. 이론편

Part 1. 커트의 기본

1. 베이직 커트 4가지 와 콤비네이션커트의 정의 — 12
2. 기본 커트 이미지와 구조 그래픽 — 13
3. 커트를 위한 두상의 기본 포인트 — 14

Part 2. 커트의 절차 8가지

1. 섹션 (Section) — 15
2. 머리 위치(Head positon) — 18
3. 파팅 (Parting) — 19
4. 분배 (Distribuntion) — 20
5. 시술각 (Prohection) — 21
6. 손가락 위치 (Finger Position) — 22
7. 디자인라인 (Design Line) — 23
8. 질감 처리(Tapering) — 25

Part 3. 커트의 Basic Styl

1. 솔리드형 (Solid Form) — 28
2. 그래쥬에이션형 (Graduated Form) — 30
3. 유니폼 레이어형 (Uniformly Layered Form) — 34
4. 인크리스 레이어형 (Increase Layered Form) — 36

Part 4. 사진 분석의 중요성

1. 사진 분석의 중요성 — 38
2. 사진 분석의 단계 — 38

CHAPTER 2. 예상 문제 및 풀이

Part 1. 수시 미용 실기 예상 문제

1.	디스커넥션 그래쥬에이션	42
2.	혼합형 숏 그래쥬에이션 레이어	44
3.	비대칭 그래쥬에이션	46
4.	밥 & 디스커넥션	48
5.	라운드 그래쥬에이션	50
6.	매쉬 그래쥬에이션	52
7.	커넥션 그래쥬에이션	54
8.	버티컬 & 다이애거널	56
9.	디스커넥션 비대칭 전 대각 뱅 스타일	58
10.	레이어 & 그래쥬에이션	60
11.	콤비네이션	62
12.	콤비네이션 비대칭	64
13.	미니뱅 전 대각 그래쥬에이션	66
14.	볼륨 비대칭 그래쥬에이션	68
15.	숏 보브 하이그래쥬에이션	70
16.	전 대각 하이그래쥬에이션 보브	72
17.	전 대각 & 수평 그래쥬에이션 보브	74
18.	하이 그래쥬에이션 좌 대각 뱅	76
19.	디스 커넥션 & 우 대각	78
20.	후 대각 보브	80
21.	콤비네이션 뱅 보브	82
22.	후 대각 볼륨 그래쥬에이션	84
23.	숏 뱅 & 콤비네이션	86
24.	V 콤비네이션	88

25. 비대칭 미니뱅	90
26. 미디움 그래쥬에이션 보브	92
27. 비대칭 미디움 그래쥬에이션	94
28. 수평 & 전 대각 비대칭 보브	96
29. 혼합형 뱅 전대각 그래쥬에이션 보브	98
30. 클래식 보브	100
31. 전 대각 밥 스타일	102
32. 시스루 풀뱅 보브	104
33. 풀뱅 숏 그래쥬에이션	106
34. 미디움 뱅스타일 그래쥬에이션	108
35. 예상문제 2026. 커트 1 (미디움 뱅 후 대각 솔리드)	110
36. 예상문제 2026. 커트 2 (전 대각 뱅 그래쥬에이션)	112
37. 예상문제 2026. 커트 3 (수평 보브 그래쥬에이션)	114
38. 예상문제 2026. 펌 1 (수직, 벽돌 혼합형 와인딩)	116
39. 예상문제 2026. 펌 2(윤곽 수직 와인딩, 골덴백 양방향 연결와인딩)	118
40. 예상문제 2026. 펌 3 (탑수평,골덴1/2확장,백수직,네이프벽돌와인딩)	120

CHAPTER 3. 도해도 작성 및 서술

Part 1. 제시된 도해도 해석하여 서술하기

1. 응용 그래쥬에이션 — 126
2. 비대칭 그래쥬에이션 — 128
3. 짧은 그래쥬에이션 & 프론트 포인트 커트 — 130
4. 투 블록 숏 커트 — 132
5. 투 블록 유니폼 커트 — 134
6. 네이프 포인트 그래쥬에이션 — 136
7. 투 블록 그래쥬에이션 프론트 포인트 커트 — 138
8. 크리에이티브 그래쥬에이션 — 140
9. 디스커넥션 비대칭 수평 & 전대각 그래쥬에이션 — 142
10. 인크리스 & 그래쥬에이션 레이어 — 144

Part 2. 제시된 사진을 보고 도해도 작성하기

1. 비대칭 그래쥬에이션 — 146
2. 언 발런스 보브 — 148
3. 응용 인크리스 — 150
4. 콤비네이션 (레이어 & 그레쥬에이션) — 152
5. 레이어 & 그레쥬에이션 — 154
6. 수평 보브커트 — 156

부록 2025년 트랜드 컬러 & 커트 작품명

1. 디스 커넥션 보브커트 — 160
2. 레이져 커트 보브 — 166

CHAPTER

1

이론편

Part 01 커트의 기본
Part 02 커트의 절차 8가지
Part 03 커트의 Basic Styl

PART 01 커트의 기본

(1) 베이직커트 4가지의 종류와 콤비네이션(혼합형)의 정의

1) 솔리드 (Solid cut)

솔리드 커트(solid cut)란, 원랭스(onelength cut)라고 하기도 하며, 모발 전체가 동일 선상에 쌓이는 형태이기에, 매끄럽고 직선적인 선을 가졌다는 것이 특징이다. 형태선(outline)의 모양에 따라 평행보브(parallelbob), 스파니엘(spaniel), 이사도라(isadora)등으로 분류된다. 또한 헤어 커트의 기초이기 때문에 모발 길이의 변화로 다양한 헤어스타일을 만들 수 있다.

2) 그래쥬에이션(Graduation cut)

그래쥬에이션 커트(Graduation cut)란, 백 포인트를 중심으로 시술각에 따라 네이프의 단차가 생기면서 레이어의 형태가 보여지는 커트를 말한다. 시술각에 따라 종류가 달라지며 낮은 그래쥬에이션, 중간 그래쥬에이션, 높은 그래쥬에이션으로 나뉘어진다. 또한 전 대각, 후 대각에 따라 컨 케이브 라인, 컨벡스 라인으로 나뉘어진다.

3) 유니폼 레이어(Uniform layer)

유니폼 레이어(Uniform layer)란 두상 각 90°로 커트를 진행하는 스타일이며, 모든 길이가 동일한 스타일을 가졌다는 특징이 있다.
다른 커트 기법과 혼합하여 다양한 헤어 스타일을 연출할 수 있으며, 주로 남성헤어, 여성의 짧은 헤어스타일에서 많이 응용된다.

4) 인크리스 레이어(Inchies layer)

인크리스 레이어(Inchise layer)란 인테리어의 길이가 엑스테리어로 갈수록 길어지는 커트이며, 모발이 쌓이지 않고, 커트된 모발의 끝의 질감이 엑티브한 질감이 특징이다.
전체적인 형태는 그래쥬에이션과 달리 어느 한 분에 모발이 쌓이는 무게 지역이 없으며, 무거운 부분없이 전체적으로 가벼우며, 자연스럽게 위에서 아래로 흘러 입체감과 볼륨을 만들 수 있는 커트이다. 롱 헤어커트에 많이 활용된다.

5) 콤비네이션(혼합형)커트(Combination cut)

콤비네이션(혼합형)커트란, 네 종류의 기본형(솔리드, 그래쥬에이션, 유니폼 레이어, 인크리스 레이어)을 바탕으로 두 종류, 또는 그 이상 혼합 되어 만들어지는 스타일을 말한다. 베이직 커트를 바탕으로 혼합형의 커트를 알게 되며, 실제 디자인 커트를 습득할 수 있다.

커트 스타일에 맞게 길이별, 질감별로 혼합하여 다양한 헤어 스타일이 완성된다.

(2) 기본 커트의 이미지와 구조 그래픽

4가지 기본 커트 이미지

솔리드   그래쥬에이션   유니폼   인크리스

4가지 기본형 구조 그래픽

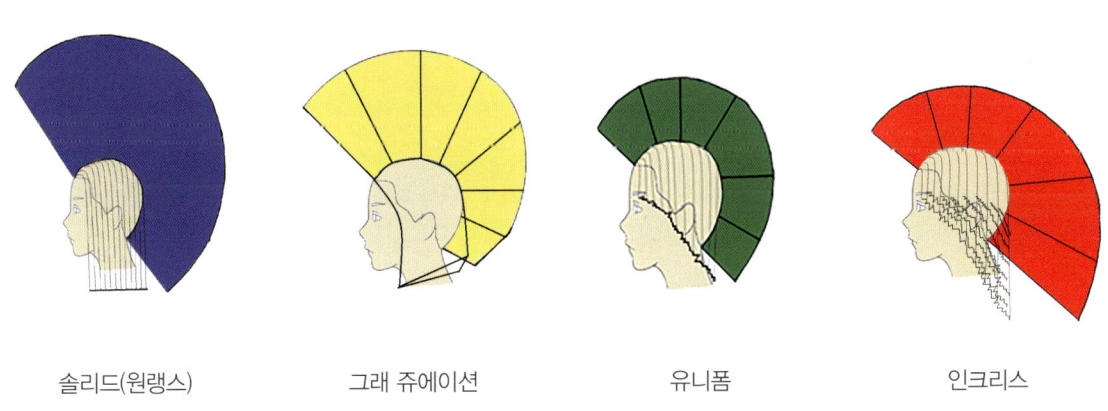

솔리드(원랭스)   그래 쥬에이션   유니폼   인크리스

(3) 커트를 위한 두상의 기본 포인트

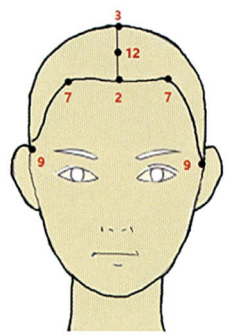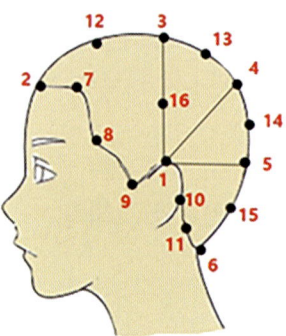

번호	약어	용어
①	E·P	이어 포인트 (Ear Point)
②	C·P	센터 포인트 (Center Point)
③	T·P	탑 포인트 (Top Point)
④	G·P	골덴 포인트 (Golden Point)
⑤	B·P	백 포인트 (Back Point)
⑥	N·P	네이프 포인트 (Nape Point)
⑦	F·S·P	프론트 사이드 포인트 (Front Side Point)
⑧	S·P	사이드 포인트 (Side Point)
⑨	S·C·P	사이드 코너 포인트 (Side Corner Point)
⑩	E·B·P	이어 백 포인트 (Ear Back Point)
⑪	N·S·P	네이트 사이드 포인트 (Nape Side Point)
⑫	C·T·M·P	센터 탑 미디움 포인트 (Center Top Medium Point)
⑬	T·G·M·P	탑 골덴 미디움 포인트 (Top Golden Medium Point)
⑭	G·B·M·P	골덴 백 미디움 포인트 (Golden Back Medium Point)
⑮	B·N·M·P	백 네이프 미디움 포인트 (Back Nape Medium Point)
⑯	E·T·M·P	이어 탑 미디움 포인트 (Ear Top Medium Point)

PART 02 커트의 절차 8가지

(1) 섹션 (Section) & 종류

1) 섹션(Section)

커트 시 섹션을 나누는 이유는 정확하고 균형 잡힌 스타일을 만들기 위해서이다. 섹셔닝(Sectioining)은 모발을 나누는 작업으로, 전체 커트의 기초 작업이라고 볼 수 있다. 두상의 구역별로 언더(Under), 미들(Middle), 오버(Over), 미들 사이드(Middle Side), 오버 사이드(Over Side)로 나눈다.

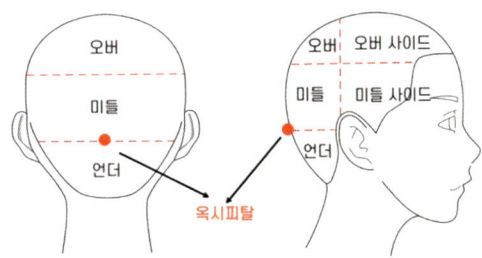

① 언더 (Under)
- 역할 : 언더 존은 두상에서 가장 아래쪽에 위치하며, 아웃라인을 결정하는 부분이다. 이 영역은 머리의 형태를 결정하는 기초적인 역할을 하며, 롱 헤어가 될지 숏 헤어가 될지를 결정을 해준다.
- 위치 : 백 포인트 아랫 부분을 말함.
- 활용 이해 : 전체적인 머리의 길이감이나, 아웃라인의 명확한 형태를 잡아준다.

② 미들(Middle)
- 역할 : 두상의 전체의 중간 부분으로 전체적인 커트선의 흐름을 결정해 순다. 또한, 양쪽 사이드의 가이드를 안정적으로 쌓는 역할을 전 대각, 후 대각 라인을 결정해주며, 사이드의 가이드를 안정적으로 쌓는 역할을 한다. 사이드의 기준은 물론, 이 부분에서는 주로 볼륨과 형태를 조절하여 전체적인 디자인의 균형을 맞추는 데 중요한 역할을 한다.
- 위치 : 옥시피탈 본 (Occipital bone)에서 골덴 포인트 지점까지를 말한다.
- 활용 이해 : 두상에서 가장 넓으며, 언더와 미들이 연결되는 지점으로 모량의 조절과 볼륨을 주거나, 제거하는데 사용된다.

③ 오버(Over)
- 역할 : 오버존은 두상에서 가장 위쪽에 위치하며, 주로 질감과 텍스처를 표현하는 부분이다. 이 영역은 스타일링의 마무리 단계에서 사용되며, 머리의 전체적인 느낌과 분위기를 결정짓는 역할을 한다.
- 위치 : 골덴 포인트부터 탑 포인트까지를 말한다.
- 활용 이해 : 두상 전체의 율동성과 볼륨감을 형성해준다. 미들과 오버의 단차가 커질수록 가벼워지고, 반대로 작아질수록 무거운 질감을 형성할 수 있다.

④ 미들 사이드(Middle Side)
- 위치 : 이어 투 이어로 나눈 위치에서 골댄 백 미디움 포인트 전방 하단을 말한다.
- 활용 이해 : 일자, 전대각, 후대각, 옆라인의 디자인을 담당하는 구간이다. 얼굴형에 따라 볼륨감과 길이감을 보완해줄 수 있기에, 가장 많이 변화하는 곳이 미들 사이드이다.

⑤ 오버 사이드(Over Side)
- 위치 : 이어 투 이어로 나눈 위치에서 골댄 백 미드움 포인트 전방 상단을 말한다.
- 활용 이해 : 오버와 연결이 되는 곳이기에, 두상 전체의 율동성을 부여 된다. 따라서, 미들 구간보다 짧게 되면, 전체적인 볼륨이 감소 되기 때문에 커트를 할 시 주의해야 한다.

2) 섹션의 종류로 수정

① 정중선(Center Part)

정중선은 인체 또는 얼굴을 좌우 대칭으로 나누는 가상의 수직선이다.

헤어 커트에서 정중선은 기준선 역할을 하며, 얼굴형에 맞는 스타일을 설계하거나 좌우 밸런스를 맞추는 것이 핵심이다.

형태	내용	
	섹션의 역할	① 좌우 대칭 유지 ② 섹션 나누기의 기준이 된다. ③ 커트 디자인의 정확도 높인다. ④ 고객 맞춤형 설계 가능
	섹션의 위치	C.P/ T.P / G.P / B.P / N.P를 연결한다.

② 전두부 섹션 (Front)

전두부 섹션은 머리를 커트하거나, 스타일링 할 때 이마 앞쪽과 양 관자놀이 사이의 앞머리 영역을 말한다. 쉽게 말하면, 앞머리 디자인을 위해 나누는 구역이라고 생각하면 된다.

형태		내용
	섹션의 역할	① 좌우 대칭 유지 ② 앞머리 디자인 ③ 얼굴형 보정 ④ 전체의 디테일한 스타일링 마무리가 되는 부분이다.
	섹션의 위치	R.F.S.C.P/ G.P/ L.F.S.C.P를 연결한다.

③ 측두부 섹션(Side)

측두부 섹션은 머리를 커트할 때 귀 옆의 탑 포인트에서 이어 백까지 이어지는 머리 부분을 말한다. 즉, 머리의 옆면(사이드)을 담당하는 영역으로 이 부위는 옆선의 균형을 맞추는 데 매우 중요한 역할을 합니다.

형태		내용
	섹션의 역할	① 옆머리 길이 조절 ② 옆머리의 볼륨 조절 ③ 헤어라인 보정 ④ 남성 커트 시 투블 럭 디자인을 위해 활용
	섹션의 위치	T.P / E.B.P 를 연결한다.

④ 후두부 섹션(Back)

후두부 섹션은 말 그대로 머리의 뒤쪽, 즉 뒤통수 부분을 의미한다. 커트에서 매우 중요한 부분으로, 전체적인 실루엣과 볼륨, 레이어등 커트의 흐름을 결정짓는 중심 섹션으로 상부, 중부, 하부로 나누어지며, 앞에서 말한 언더, 미들, 오버손이 형성된다.

형태		내용
	섹션의 역할	① 백 볼륨 조절 ② 커트 시 기초 길이 설정 ③ 머리 전체의 형태 결정(전 대각, 후 대각 등) ④ 측두부, 크라운, 네이프등 자연스럽게 연결 되도록 하여 흐름 연결을 하게된다.
	섹션의 위치	언더: E.B.P/ B.N.M.P/ E.B.P 연결선 아래 미들: S.P/ G.P / S.P 연결 크래스트 지역 포함. 오버: F.S.C.P/ B.P / F.S.C.연결 상부

(2) 머리위치(Head positon)

- 어떤 형태를 커트하더라도 두상의 위치를 항상 유념해야 한다.
- 머리 위치는 모발의 분배에 직접적으로 영향을 미치게 되는데 이는 질감과 커트라인의 방향에 영향을 주게된다.
- 일반적으로 머리 위치는 두상의 한 부분이 커트 되는 동안 일정하게 유지 해야한다.

번	머리 위치	내용
1		두상을 똑바로 한 상태에서 커트하면 가장 자연스럽고 고른 결과가 나오게 된다.
2		두상을 옆쪽으로 기울여 형태 선을 쉽게 마무리된다.
3		두상을 앞으로 숙임으로써 특히 순리들 형에서 많이 쓰이고 속머리가 깔끔하게 제거되어 마무리할 수 있다.

(3) 파팅 (Parting)

파팅이란 커트하는 동안 모발을 분배하고 조절하기 위해 섹션을 더 작은 부분으로 나누는 라인들이다. 대부분은 디자인라인과 평행하게 된다.

가장 쉽고 효과적이며 정확하게 작업하기 위해 모발을 파팅 할 방향으로 빗질한다.

번	파팅의 종류	내 용
1		수평/호리존탈(Horizontal Parting) - 가로 또는 수평으로 파팅을 나누는 파팅이다. - 솔리드커트 처럼 층이 많이 나지 않는 커트시 활용
2		수직/버티컬 파팅(Vertical Parting) - 세로 or 수직으로 파팅을 나누는 것 나누는 파팅이다. - 부드러운 질감과 가벼운 층을 표현할 때 활용한다.
3		후대각 / 다이애거널 파팅(Diagonal Parting) - 두상을 사선으로 나누는 파팅 이다. - 후대각 파팅은 앞쪽에서 뒤쪽으로 흐르는 형태의 커을 할 때 쓴다. U,V 라인커트할 때 주로 활용한다.
4		전대각/다이애거널 파팅(Diagonal Parting) - 두상을 사선으로 나누는 파팅 이다. - 전대각 파팅은 뒤쪽에서 앞쪽으로 흐르는 형태의 커을 할 때 쓴다. A 라인 커트를 할 때 주로 활용한다.
5		수직/피봇파팅(Pivot Parting) - 버티컬 섹션을 응용한 섹션으로 탑 포인트에서 방사선으로 분할하여 나눈 파팅이다. - 수직 섹션과 같이 층을 많이 내는 스타일에 활용한다.

(4) 분배 (Distribuntion)

분배는 베이스 파팅에 대하여 모발이 빗겨지는 방향을 말한다.

1. 자연 분배(Natural Distribuntion) 모발이 두상에서 자연스럽게 떨어지는 그대로의 방향을 의미한다.

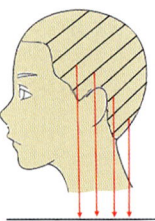 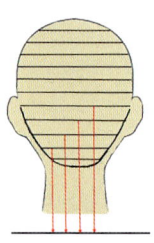 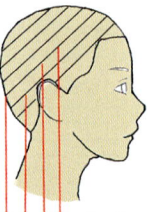

2. 직각 분배(Perpendicular Distribuntion) 베이스 파팅에서 90° 또는 직각으로 빗어질 때의 방향을 말한다.

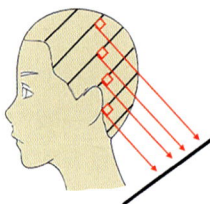 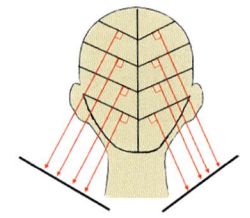

3. 변이 분배(Shifted Distribuntion) 파팅에서 직각 분배나 자연 분배 이외의 다른 방향으로 빗질 될 때를 의미한다.

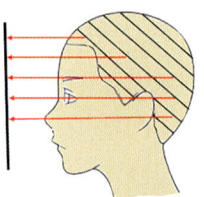 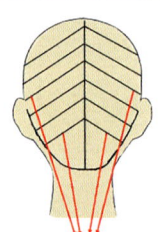

4. 방향 분배(Variation Distribuntion) 일관을 유지하기 위해 특정 방향을 정해두고 파팅과 상관없이 한 방향으로 빗질한다

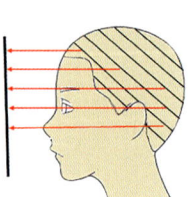 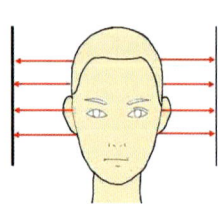 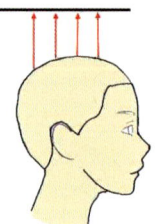

(5) 시술각(Projection)

- 시술각은 커트하는 동안 두상의 곡면으로부터 모발이 올려지는 각도를 말한다.
- 천체 축의 1/4면이 두상의 평평한 부분과 곡면을 이룬 표면으로 부터의 시술각을 결정하는데 일단 0°에서부터 45°, 90°가 어느 방향으로든 결정될 수 있다.

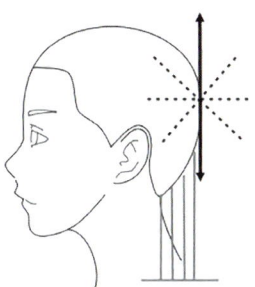

천체축 (일반시술각)

시술각의 종류	내 용
	가. 자연시술각 - 중력에 의해 자연스럽게 떨어지는 각도를 말한다. - 천체 축을 기준으로하는 각도이다. - 솔리드(원랭스) 0°, 그래쥬에이션 45°, 인크스 레이어 90°
	나. 일반시술각 = (누상각) - 두상에서 들어올리는 각도이다. - 두상의 곡면을 따라 접점이 기준이되는 각도 이다. - 그래쥬에이션, 유니폼, 인크리스 레이어등 활용 할 수 있다.

(6) 손가락 위치(Finger Position)

베이스 파팅을 표시하는 것으로, 커트된 라인을 만들 때 사용된다. 또한 손가락 위치는 평행과 비평행, 두가지로 나뉘며 손가락 위치에 따라서도 커트의 라인이 달라지기에 신경 써야 하는 부분 중 하나이다.

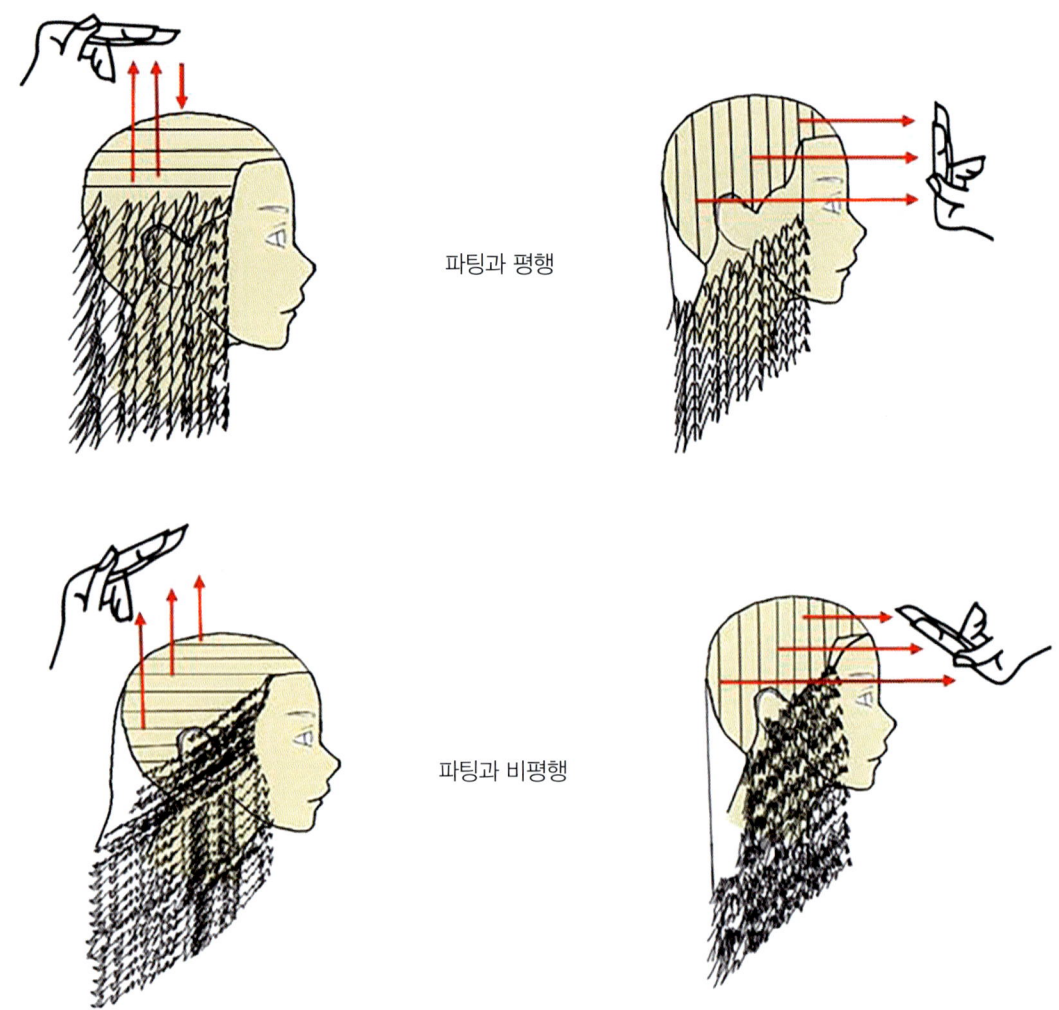

파팅과 평행

파팅과 비평행

1) 평행(Parallel Finger Position)

베이스와 손가락의 위치가 평행이 되는 것을 말하며, 커트하고자 의도한 선을 가장 완벽하게 만들 수 있다.

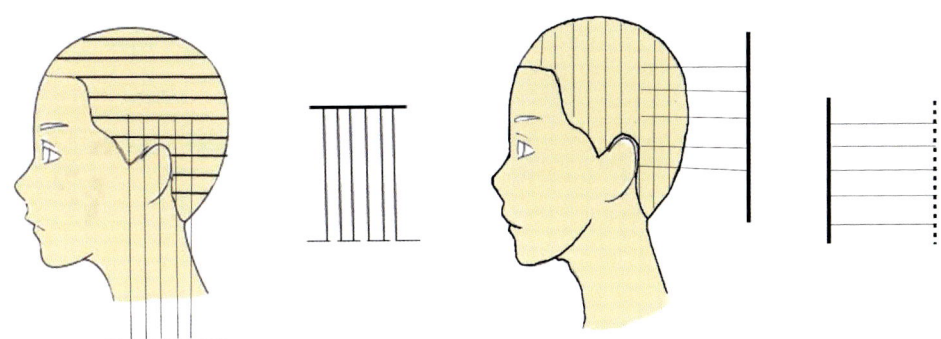

2) 비 평행 손가락 위치(Non Parallel Finger Position)

- 베이스 파팅에 대해 손가락을 비 평행하게 놓는 것을 비 평행 커트라고 부른다. 비 평행커트는 특정한 결과를 의도하여 시술하는 기법으로 설정된 커트 디자인을 명확히 설계하여 시술해야 한다.

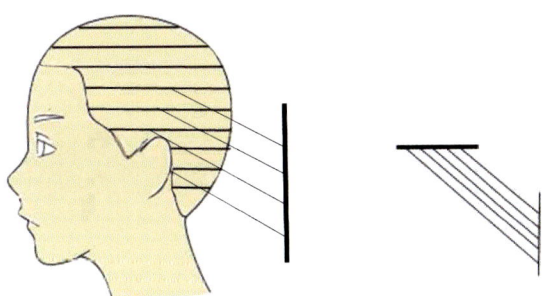

(7) 디자인 라인(Design Line)

디자인 라인은 고정 디자인 라인과 이동 디자인 라인, 총 두가지 형태로 이루어져 있다. 커트를 할 시 두 디자인 라인을 활용하기도 하며, 커트 아웃라인의 형태를 만들 수 있다.

1) 고정 디자인라인 (Stationary Design Line)

- 가이드를 설정하고 모든 파팅의 모발을 모아 커트한다.
- 가이드가 고정이 되어 있기 때문에, 가이드의 위치에 따라 탑과 네이프의 모발 길이 차가 달라질 수 있다.
- 고정 디자인을 활용한 커트의 대표적인 예로는 솔리드와 인크리스 레이어가 있다.

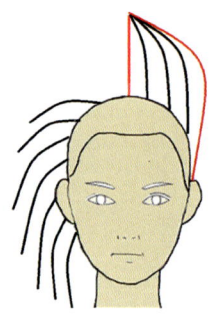 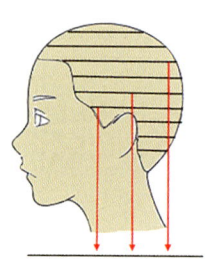

2) 이동 디자인 라인 (Mobile Design Line)

- 고정적인 가이드가 아닌, 각 섹션의 각도와 길이를 토대로 커트하는 방식이다.
- 탑, 네이프에서 가장 먼저 커트한 길이를 기준으로 섹션별로 이동하면서 커트한다.
- 이동 디자인 라인을 활용한 커트의 대표적인 예로는 그래쥬에이션, 유니폼 레이어가 있다.

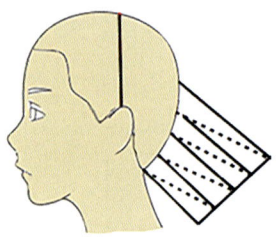 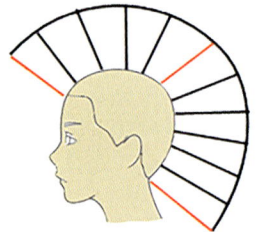

(8) 질감 처리(Tapering)

테이퍼링(Tapering)은 헤어커트 기술 중 하나로, 머리카락의 길이와 두께감을 점진적으로 줄여가는 기법이다. 질감 처리를 시작하는 위치에 따라 딥 테이퍼링, 노멀 테이퍼링, 앤드 테이퍼링 3가지 방법이 있으며, 각각의 장·단점을 파악하고 활용하는 것이 좋다.

명 칭	위 치
앤드 테이퍼링 (End Tapering)	
노멀 테이퍼링 (Normal Tapering)	
딥 테이퍼링 (Deep Tapering)	

1) 딥 테이퍼링(Deep Tapering)

머리카락의 모근 가까이 까지 깊이 들어가서 진행하는 질감 처리다. 해당 기법은 커트하여 모발의 무게감을 가볍게 하기 위해 시술하기도 하고, 모류 교정을 할 때 활용하기도 한다.

장점
- 머리 숱이 많거나 두꺼운 모발의 답답함을 효과적으로 제거할 수 있다.
- 스타일에 생동감과 움직임 즉, 텍스처감을 강조할수 있다.
- 짧은 머리 경우 스타일링이 훨씬 쉬워진다.
- 모류교정 및 볼륨감을 위해 시술할 수도 있다.

단점
- 깊게 들어가기 때문에 모질이 약한 경우나 오히려 강한 모발일 경우는 시간이 갈수록 모질이 거칠게 보여질수 있다.
- 숙련되지 않으면 좌우 무게감의 불균형과 텍스처 과잉으로 디자인의 변형이 올 수 있다.

2) 노멀 테이퍼링(Normal Tapering)

모발 길이의 1/2 까지 질감 표현을 하는 것으로 가볍게 모량 조절을 하면서 부드럽게 텍스처를 주는 기법이다. 전체적인 디자인을 해치지 않으면서 질감만 가볍게 조절 할 수 있다.

장점
- 겉머리 위주로 가볍게 정리되어 묶거나, 풀어 놓았을 때 자연스럽고 깔끔하게 정리된다.
- 디자인의 형태 변화 없이 질감만 정리가 가능하다.
- 모질의 형태에 구애를 받지 않고 모두 활용가능하다.
- 딥 테이퍼링처럼 깊게 들어가지 않기 때문에 거칠어 보이거나 과도한 숱 제거가 되지 않아 실수 가능성이 낮음

단점
- 숱이 많은 무거운 스타일에는 무게 제거가 부족 할 수 있다.
- 남성 커트시 텍스처 중심 스타일에는 효과가 미비하다.
- 허쉬컷처럼 가벼움과 강한 텍스처감의 커트에는 부적합하다.

3) 앤드 페이퍼링(End Tapering)

모발 끝부분(ends)만을 가볍게 정리하여 무게감을 덜어주고, 자연스럽고 부드러운 질감을 만들어 주는 질감 처리 기법으로 전체적인 형태는 그대로 유지하면서, 끝 선만 부드럽게 처리해 스타일을 깔끔하게 정리할 때 활용한다.

장점
- 커트 선이 자연스럽고 부드럽게 마무리하기 좋다.
- 전체 스타일을 해치지 않고, 끝부분 무게만 살짝 제거가 가능하다.
- 손질하지 않아도 깔끔하게 떨어지는 이미지를 연출 할 수 있다.
- 깊게 들어가지 않기 때문에 실수할 가능성이 매우 낮아 쉽게 할 수 있다.

단점
- 숱 제거는 불가능하다.
- 텍스처 강조의 커트 스타일에는 부적합 하다.
- 모발이 자라면 금방 무거워 보일 수 있어 유지 주기가 짧다.
- 너무 과하면 끝선이 지나치게 가늘고 지저분해 보일 수 있다.

커트 스타일에 맞게 3가지 질감 처리 기법을 활용한다면, 한 층 더 돋보이는 헤어 디자인을 할 수 있어 고객의 맞춤 서비스가 가능하게 된다.

PART 03 커트의 Basic Styl

(1) 솔리드 형(SOLID FORM)

솔리드형(칼라코드 : 파란색)은 엑스테리어(크레스트 아랫머리or네이프)에서 인테리어(크레스트 윗머리 or탑, 센터 포인트)로 가면서 점차 길어지는 특성이 있다. 길이가 같은 높이에 떨어지는 형태로 끊김이 없고, 언 액티베이트한 질감이 된다. 탑 쪽으로 갈수록 두상의 곡면에 따라 퍼지는 모양을 한다. 반대로 아랫부분의 가장자리에 무게가 형성되는 결과로, 각진 형태선이 만들어진다.

구조 / 질감	모양 / 무게
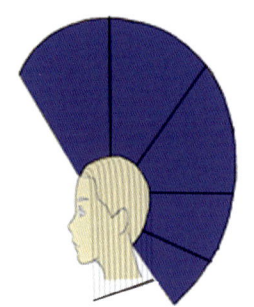	• 컬러코드 : 블루(파란색) • 모양 : 직사각형(Rectongle) • 질감 : 언 액티베이트 • 구조 : 네이프에서 탑으로 갈수록 길어진다. • 무게 : 모든 길이가 동일한 라인으로 모여지므로 형태선에 무게감이 만들어진다. • 시술각 : 자연시술각 0°

1) 솔리드 3가지 파팅

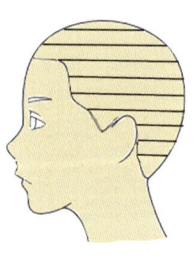　　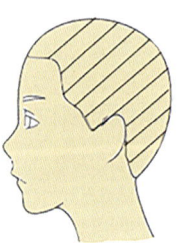　　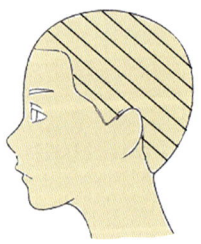

　　수평　　　　　　　전 대각　　　　　　　후 대각

2) 솔리드 기본 구조 그래픽과 파팅선

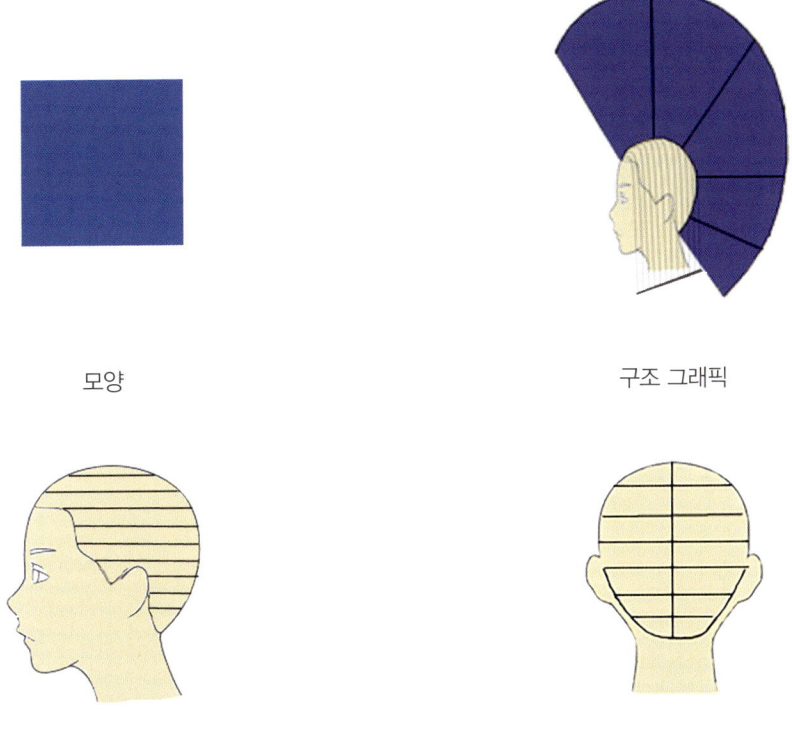

모양

구조 그래픽

측면 수평 파팅

후면 수평 파팅

솔리드 3가지 파팅의 형태

수평

전 대각

후 내각

(2) 그래쥬에이션형(Graduated Form)

그래쥬에이션 형(컬러 코드 : 노란색)은 길이가 엑스테리어에서 인테리어 쪽으로 점차 길어져 모발 끝이 서로 겹쳐 쌓이는 것처럼 보인다.

그 결과 엑스테리어의 액티베이트한 질감과 인테리어에서 언 액티베이트한 질감이 혼합된다. 그래쥬에이션 형의 무게감은 가장자리의 형태 선 위에 나타기에 모양이 삼각형이 되는 경향이 있다.

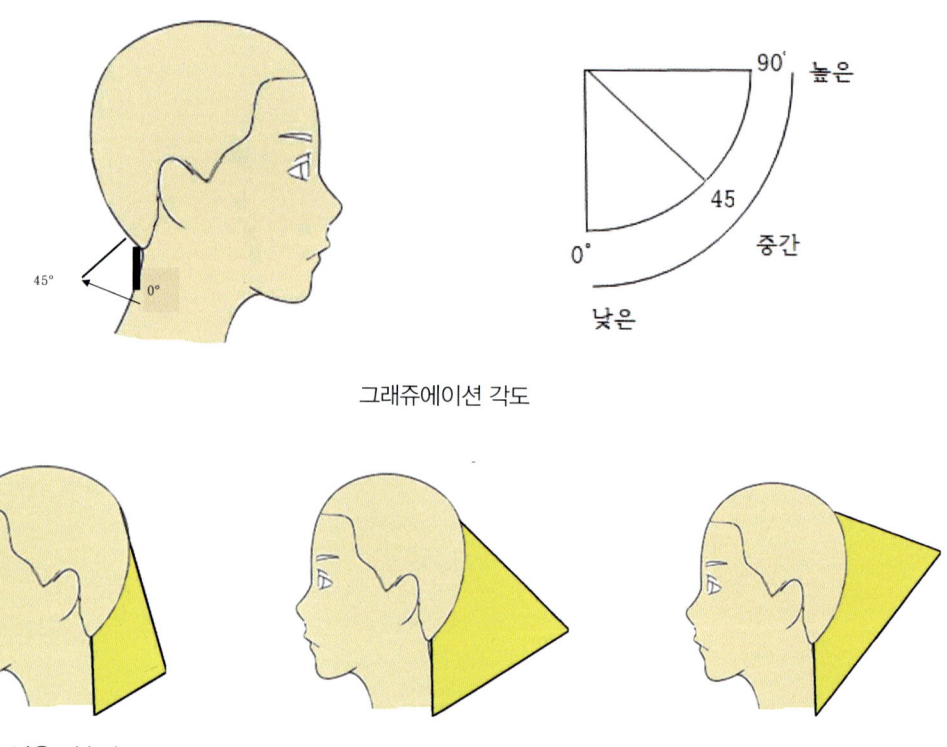

그래쥬에이션 각도

낮은 시술각   중간 시술각   높은 시술각

컬러코드 : 노랑색

질감 : 언 액티베이트, 액티베이트

구조 : 시술각에 따라 형태의 변화가 있다.

시술각 : 낮은 : 1°~30°, 중간 : 30°~60°, 높은 : 60°~89°

1) 그래쥬에이션형(Graduated Form) 시술각

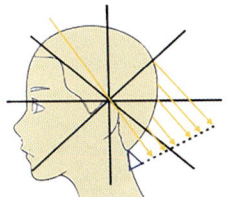

〈 낮은 시술각 〉
- 낮은 시술각이 낮은 경사선을 만들어 준다.
- 액티베이션의 양이 적어 더 많은 무게가 유지된다.

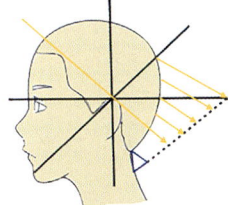

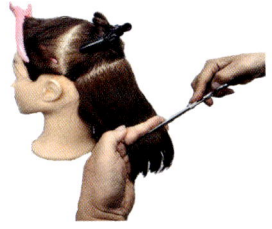

〈 중간 시술각 〉
- 중간 시술각은 중간 경사선을 만들어 준다.
- 액티베이션의 양은 늘어나고 무게 지역과 함께 모양이 확장된다.

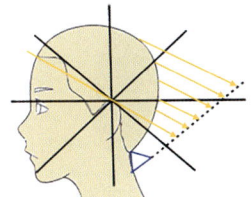

〈 높은 시술각 〉
- 높은 시술각은 높은 경사선을 만들어 준다.
- 액티베이션의 양과 확장감은 시술각이 높아지면서 더 커진다.

2) 그래쥬에이션형 전 대각 구조 그래픽과 파팅선

모양

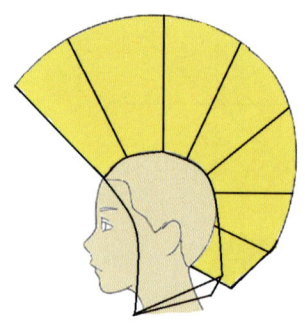

구조 그래픽

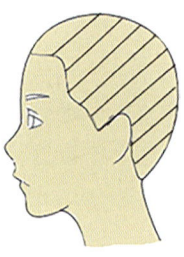

측면 전 대각 파팅

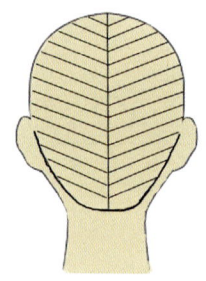

후면 전 대각 파팅

전 대각 그래쥬에이션의 형태

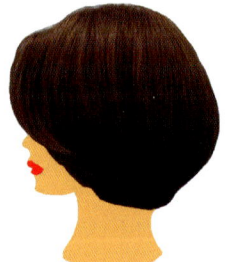

3) 그래쥬에이션형 후대각 구조 그래픽과 파팅선

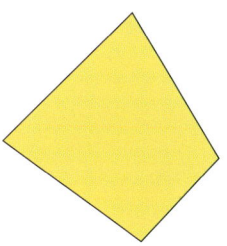

모양

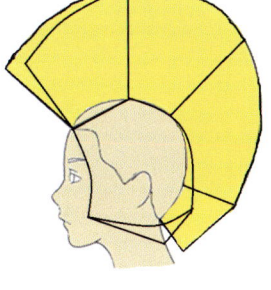

구조 그래픽

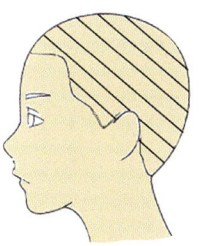

측면 후 대각 파팅

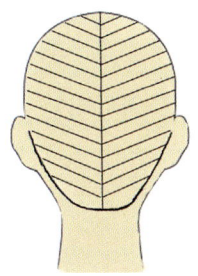

후면 후 대각 파팅

후 대각 그래쥬에이션 형태

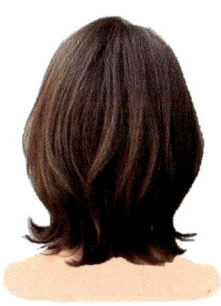

(3) 유니폼 레이어 형(Uniformly Layered Form)

유니폼 레이어는 전체적으로 길이가 동일하여 무게 선이 나타나지 않는다.

길이는 두상의 곡면으로 흩어져서 전체적으로 액티베이트한 머리 질감이 된다.

유니폼 레이어 형의 둥근 모양은 두상의 곡면과 평행을 이룬다.

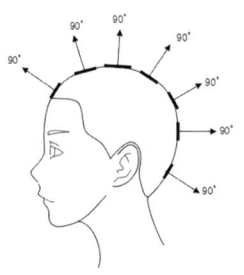 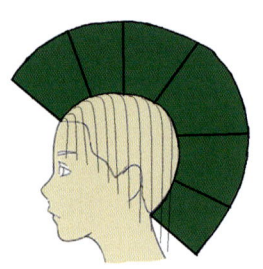

- **컬러코드** : 초록색
- **질감** : 전체 액티베이트
- **구조** : 길이에 따라 여러 형태가 나타난다.
- **시술각** : 곡면에 따라 90°
- **무게** : 전체적을 길이가 같게 시술되어 무게 지역 없음.
- **가이드** : 이동가이드

1) 유니폼 레이어 의 3가지 파팅

- 수평 : 두상의 탑 부분 전체에 수평 파팅이 사용된다.
- 수직 : 프론트에 수직 파팅이 백에 피봇 파팅과 결합 된다.
- 피봇 : 피봇 파팅이 인테리어에 전체적으로 사용 된다.
- 길이 : 커트 형태 전체 길이가 동일하다.

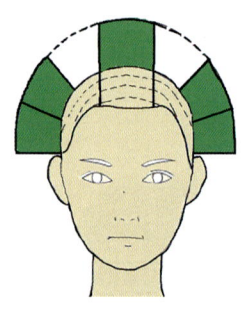 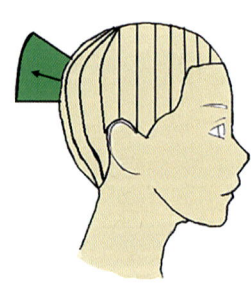 

수평   수직   피봇

2) 유니폼 레이어 형의 구조 그래픽과 파팅

형태

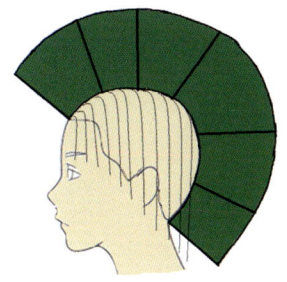

구조 그래픽

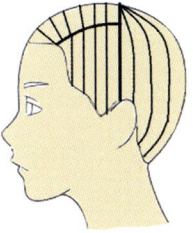

측면 파팅

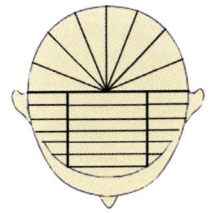

전체적 유니폼 파팅

유니폼 형태

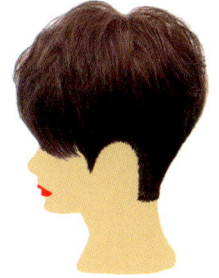

(4) 인크리스 레이어(Increase Layerd Form)

인크리스 레이어 형(칼라코드 : 빨간색)은 길이가 인테리어에서 엑스테리어로 점차 길어져서 결과적으로 무게가 보이지 않는 액티베이트한 표면 질감이 만들어진다. 일반적으로 인크리스 레이어 형의 모양은 인테리어의 길이에서 긴 엑스테리어 진행한다.

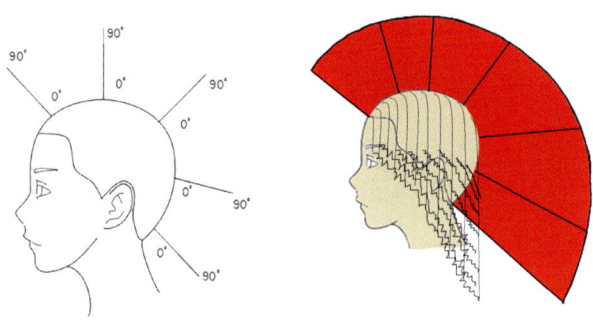

- **컬러코드** : 빨강
- **질감** : 액티베이트
- **구조** : 길이에 따라 여러형태가 나타난다. 모양은 타원형
- **시술각** : 곡면에 따라 45°, 90°
- **무게감** : 전체적으로 무게지역은 없음
- **가이드** : 고정가이드, 이동가이드

1) 인크리스 레이어 형의 3 가지 파팅

1. 후대각 : 두상의 전체를 후대각 파팅, 다이애거널 파팅이 사용된다.
2. 수 직 : 시술각에 따라서 전체를 수직으로 파팅을 사용한다.
3. 피 봇 : 피봇 파팅은 인테리어에서 수직파팅과 결합 하여 활용된다.

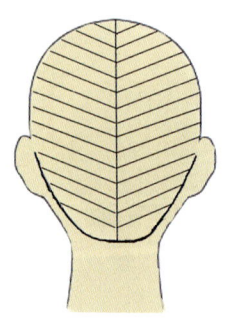
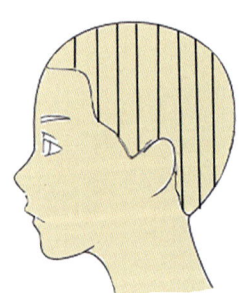
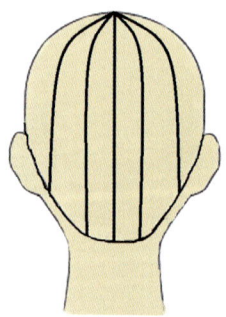

후대각 　　　　　　수직　　　　　　　피봇

2) 인크리스 레이어 형의 구조 그래픽과 파팅

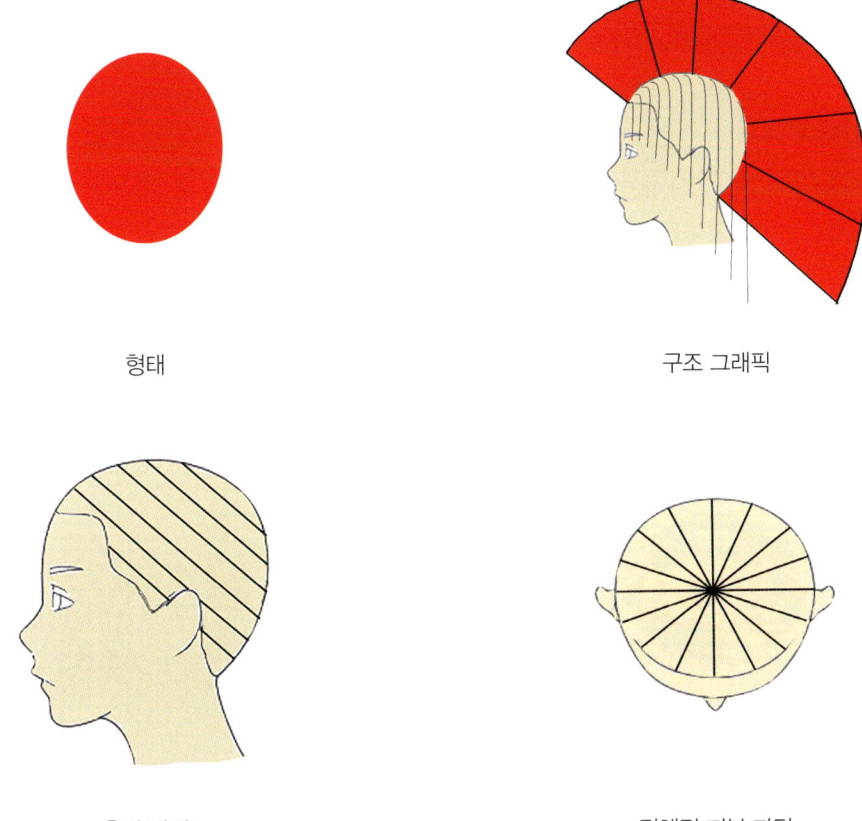

형태

구조 그래픽

측면 파팅

전체적 피봇 파팅

인크리스 레이어형으로 연출 헤어스타일

미듐 단발 레이어드 커트

무게감 있는 레이어드 커트

허쉬 롱 레이어드 커트

PART 04 사진 분석의 중요성

(1) 사진 분석의 중요성

베이직 커트의 4가지 형태를 배우고 혼합형을 분석하는 방법을 학습한 결과를 사진 속 어떠한 헤어스타일도 분석을 통해 시술을 할 수 있어야 한다.

사진 속 헤어스타일을 분석하여 커트 절차에 따라 활용한다면 모든 헤어스타일의 커트는 가능하게 되고, 또 다른 형태의 창조가 가능해진다.

이론과 실습을 통한 실제 헤어스타일을 완성하기 위한 분석 능력과 테크닉을 학습한다.

(2) 사진 분석의 단계

1) 분석 1단계

전체적인 커트의 형태를 파악이 중요하다. 전두부, 측두부, 후 두부의 형태를 파악하기 위해 무게 선의 유, 무와 위치를 파악하고 커트의 특징이 어디에 있는지를 알아야 한다. 구성된 형태 및 디자인 라인의 방향과 엑티 베이트의 위치와 전체적 커트 선의 흐름을 관찰하여 구조 그래픽으로 표현 할 수 있어야 한다.

가. 형태 선의 분석 : 전 대각, 후 대각인지를 분석
나. 시술 각의 분석 : 자연 시술 각, 일반시술각(두상각) 인지를 분석
다. 라인의 형성 분석 : 아웃 라인의 길이를 분석

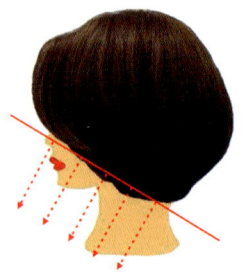

후 대각 일반시술각 (두상각)

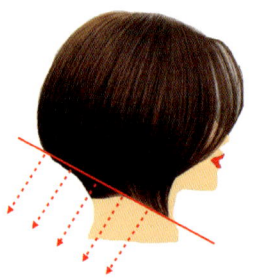

전 대각 일반시술각 (두상각)

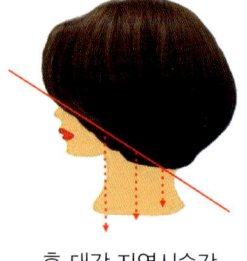

후 대각 자연시술각

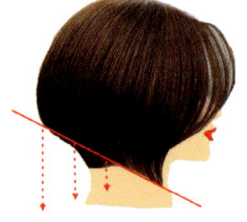

전 대각 자연시술각

2) 분석 2단계

디자인 분석 결과에 따라 시술 순서를 계획하고, 분석된 결과를 시술 전 디자인 노트에 작성하고 특징과 고객의 맞춤 커트를 결정한다.

가. 디자인 노트

3) 분석 3단계

관찰의 3단계를 통해 머리모양, 질감, 구조, 무게 지역, 디자인, 스타일을 분석한다.

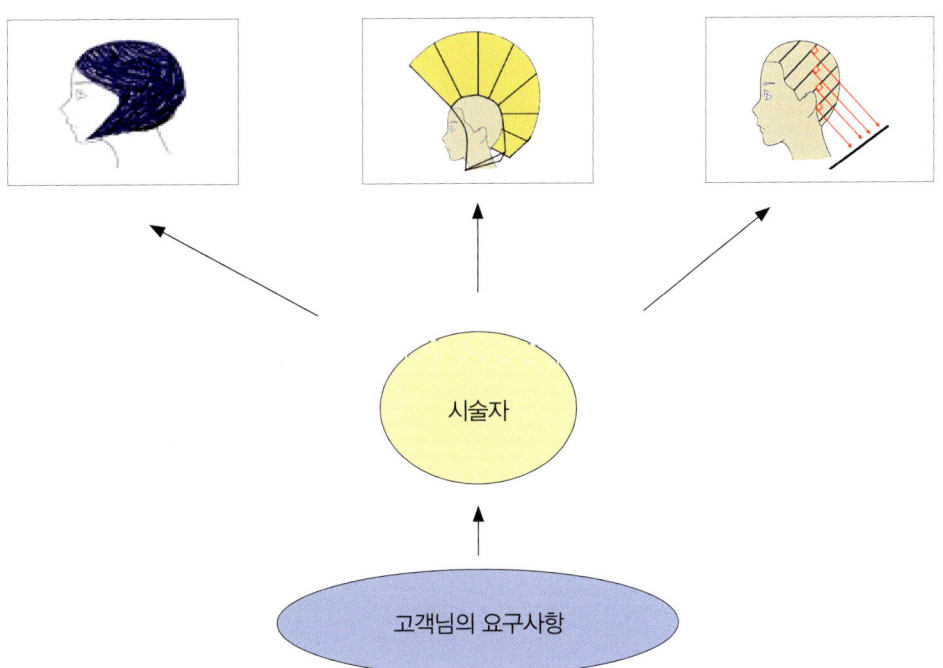

4) 분석4단계 :

디자인 노트에 시술 과정을 정리한 순서로 커트 과정을 진행하고 전체적인 느낌을 표현하기 위한 질감 처리와 테크닉을 활용하여 수정 보완하면서 마무리한다.

 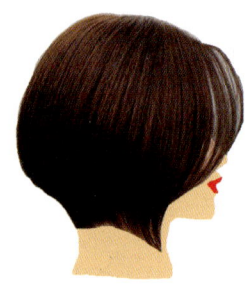 

유니폼 레이어드 컷　　　　전 대각 그래쥬에이션　　　　후 대각 그래쥬에이션

CHAPTER 2

예상 문제 및 풀이

Part 01 헤어 커트 미용 실기 예상 문제

PART 01 예상 문제 및 풀이

1. 예상 문제 2018.2번 (디스커넥션 그래쥬에이션)

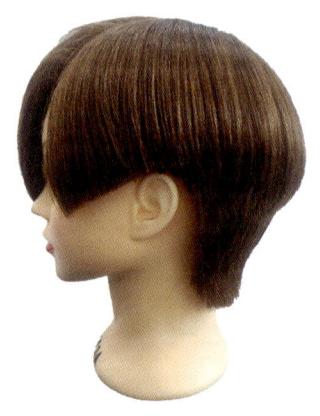
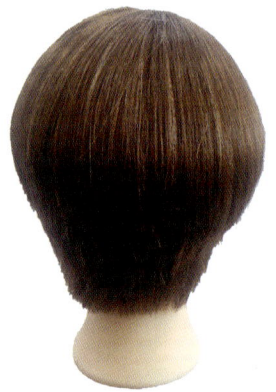

1. 예상 문제 풀이 (디스 커넥션 그래쥬에이션)

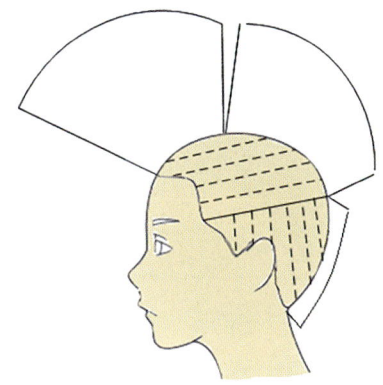

1. **언더, 미들존** : 골덴미듐포인트 6cm, 네이프 포인트는 3cm로 잡으며, 수직베이스(버티컬섹션) 온 베이스로 커트한다.
2. **사이드** : 백의 미들존 과 같은 방법으로 커트를 하되 사이드코너 포인트 3cm가 되게 한다. 일반 시술각(두상 각도) 90°로 자른 후 라인 정리한다.
3. **프론트, 인테이어** : 프론트, 인테이어 부분은 전 대각 30° 기울기 파팅 하여 디스 커넥션으로 직각 분배 70°로 커트한다.
4. **사이드(우측)** : 우측 프론트 사이드 포인트는 약 12cm로 커트한다.

2. 예상 문제 2018.7번 (혼합형 숏 그래쥬에이션 래이어)

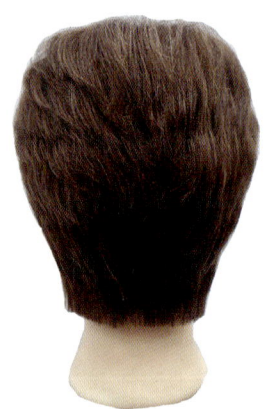

2. 예상 문제 풀이 (혼합형 숏 그래쥬에이션 래이어)

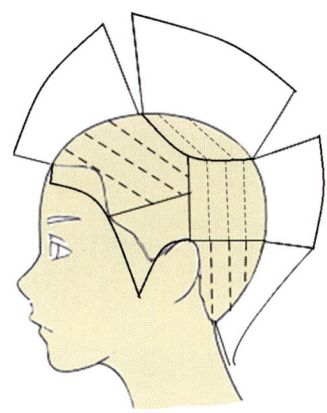

1. **언더라인** : 백 포인트 5㎝ 설정, 네이프 포인트 3㎝ 하이 그라데이션으로 커트한다.
2. **미들 존** : 크래스트라인(골덴포인트) 8㎝ 수직 파팅하여 일반시술각(두상각도) 90°로 커트한다.
3. **탑** : 크라운 원형 서클(골덴포인트, 탑포인트까지) 일반시술각(두상 각) 90°로 유니폼으로 커트한다.
4. **좌.우 사이드** : 사이드 포인트는 3cm, 코너 포인트는 5cm로 커트한다. 이때 사이드 포인트와 코너 포인트는 둘 다 업 베이스로 커트한다.(귀 라인은 꼭 정리해야 한다.)
5. **두정부** : 센터 포인트 3㎝ 탑 포인트 9㎝ 손 비 평행 연결 커트한다.
6. **마무리** : 질감 처리는 전체 앤드 테이퍼링 으로 한다. 프론트는 테이퍼링 없이 라인 정리만 한다.

3. 예상 문제 2018.16번 (비대칭 그래쥬에이션)

3. 예상 문제 풀이 (비대칭 그래쥬에이션)

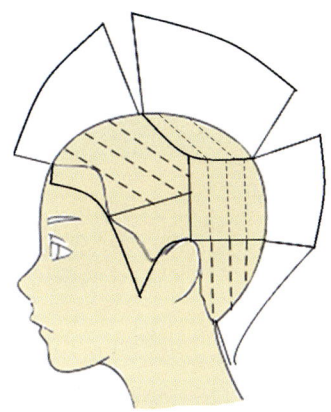

1. **네이프+백** : 백 포인트 4cm, 네이프 포인트 6cm, 좌측 네이프 코너 포인트 4cm, 우측 네이프 포인트 8cm로 가이드 선을 만든 후 좌측에서 우측으로 흐르는 일반시술각(두상 각도) 90° 커트한다.

2. **미들존** : 백 포인트 7㎝, 크래스트라인 5㎝, 만들어 전 대각 파팅하여 오프더 베이스 70° 커트 아랫단과 디스 커넥션이 나온다.

   ※ 디스커넥션 : 위와 아래의 가이드 길이가 다르게 나오는 것.

3. **탑** : 오버존 탑 12cm, 크래스트 9cm, 피봇 파팅을 한 뒤 일반시술각(두상 각도) 135°로 커트한다.

4. **사이드 코너** : 좌측 사이드 코너 포인트는 5cm 가이드 라인을 만든 후 자연시 술각 45°로 커트한다.

5. **좌측 시이드 오버존** : 두상 각도 90° 온베이스로 아랫단과 연결해서 커트한다.(이때 기장은 좌측 사이드 코너 포인트 5cm, 좌측 프론트 사이드 포인트는 11cm로 해야 한다.)

6. **우측 사이드** : 전 대각 파팅을 하여 뒤쪽 가이드와 연결해서 커트한다.(이때 우측 프론드 사이드 포인트는 슬라이싱으로 연결 해줘야 자연스러운 커트선이 나온다.)

7. **프론트** : 프론트는 센터포인트 기준 7㎝, 자연시술각 0°로 자른 뒤 사이드와 라운드로 연결한다.

8. **마무리** : 질감 처리 노멀 + 앤드 테이퍼링 으로 한다.

   ※좌측 네이프코 너는 사이드 아웃 라인과 연결하여 후 대각으로 라인정리 한다.

4. 예상 문제 2018.27번(밥 & 디스커넥션)

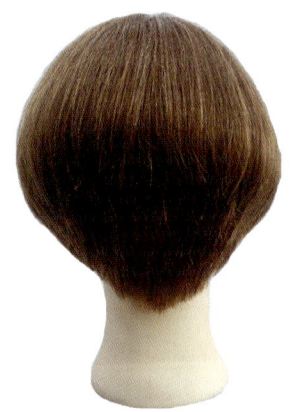

4. 예상 문제 풀이 (비대칭 그래쥬에이션)

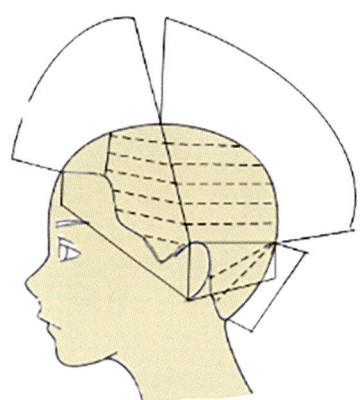

1. **언더존** : 네이프 포인트는 3cm, 백 포인트는 5cm 두상 각도 90° 온 베이스로 커트한다. 이때 피봇 파팅으로 나눈 뒤 커트해야 한다.
2. **미들존** : 백 포인트 7cm 가이드를 만들고 기준선을 만들어 45° 각도로 커트한다. 이때 손 위치는 비평행으로 진행해야 하고 이때, 커트선은 전 대각으로 나와야 한다. (단차는 원만한 30°로 해야 한다.)
3. **양쪽 사이드** : 이어탑 포인트를 8cm 기장으로 커트해 기준선으로 삼는다. 이때 파팅은 후대각 파팅으로 해야 한다. 자연시술각 45° 각도로 연결하면서 커트한다.
4. **프론트** : 4cm 가이드 잡아 라운드로 자연시술각 0° 커트한다.
5. **마무리** : 네이프 부분과 프론트는 라인 정리를 해야 하며, 앤드 테이퍼링 한다.

5. 예상 문제 2018.30번 (라운드 그래쥬에이션)

5. 예상 문제 풀이 (라운드 그래쥬에이션)

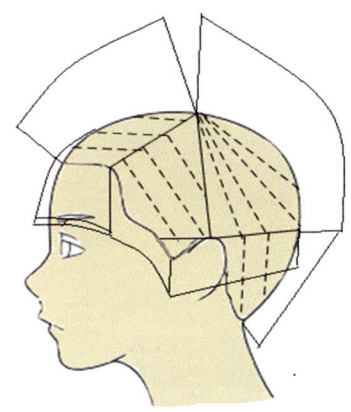

1. **네이프** : 네이프에서 백 포인트까지 싱글링으로 연결해서 커트한다. 이때 백 포인트의 길이는 3cm가 되어야 한다.
2. **미들존** : 언더 존의 백 포인트는 3cm 미들존 백6cm 가이드를 잡아 커트한다. 즉, 디스 커넥션 형태가 보여지고 시술각은 0° 고정 가이드로 커트한다.
   (탑의 길이 약 15cm)
3. **프론트** : 센트 포인트 4cm, 가이드를 만들어 자연시술각 0°로 커트 하여 라운드로 연결하여 완성한다.
4. **마무리** : 질감 처리는 앤드 테이피링으로 라인이 깔끔하세 보이도록 정리한다.

6. 예상 문제 2019.03번 (매쉬 그래쥬에이션)

 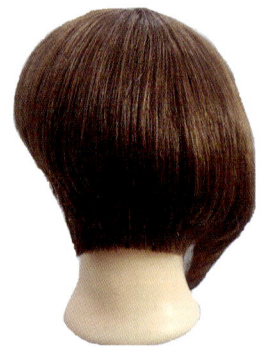 

6. 예상 문제 풀이 (매쉬 그래쥬에이션)

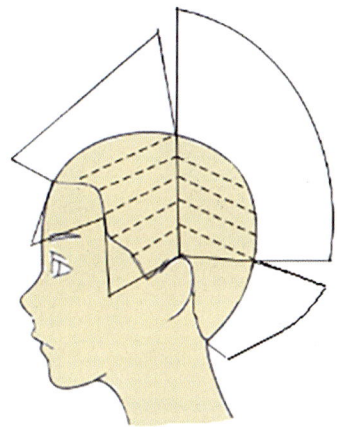

1. **언더 라인** : 네이프 포인트는 2cm, 네이프 코너포인트 3cm, 자연시술각 0°로 연결커트 후 백 포인트 5cm의 가이드와 연결커트 한다. 이때 섹션은 버티컬(수직파팅)섹션으로 왼쪽 사이드 베이스로 커트한다. 이때 자연스럽게 오르쪽 흐름이 생기므로 비대칭 그라데이션 형태가 보여진다.
2. **오버, 미들존** : 후 대각으로 파팅 한다. 또한 백 센터 8cm 기장으로 기준점을 잡아 우측으로 흐르는 형태로 커트한다.
3. **왼쪽 사이드** : 왼쪽 사이드 포인트는 3cm 기장으로 기준점을 삼아 전 대각 파팅을 한 뒤 자연시술각 0°으로 백사이드의 커트 된 길이와 연결하여 커트한다.
4. **우측 사이드** : 우측 사이드 코너 포인트 20cm 기장으로 자른다. 이때 뒤쪽 라인과 자연스러운 연결을 위해 슬라이싱 기법으로 커트해야한다.
5. **프론트** : 센터 포인트 기준 기장 5cm 기준으로 잡아 좌에서 우로 흐르는 느낌으로 자연각도 0°로 커트한다.
6. **마무리** : 질감 처리는 앤드-노멀-딥으로 연결하며 커트한다.

7. 예상 문제 2019.22번 (커넥션 그래쥬에이션)

7. 예상 문제 풀이 (커넥션 그래쥬에이션)

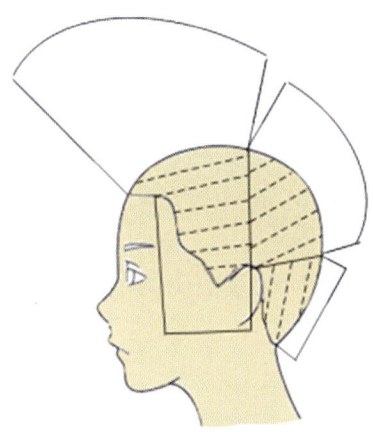

1. **언더** : 언더라인은 네이프 기준 3cm, 백 포인트는 5cm로 기준선을 만든다. 이때 버티 컬로 하이 그라데이션으로 연결하며 커트해야 한다.
2. **백** : 백 포인트에서는 7cm기장 가이드를 만들어 아랫단과 디스 커넥션을 만든다. 전 대각 파팅을 한 뒤 커트한다.(탑 기장은 약 10cm로 커트한다.)
3. **사이드** : 사이드 코너는 약 9cm 기장으로, 센터 포인트는 약 23cm로 설정해야 하며, 일반 시술 각(두상 각도)으로 수평 파팅을 한 뒤 약 30°로 커트한다.
4. **마무리** : 전 대각 라인이 나오게 노멀 & 앤드 테이퍼링 하여 볼륨감을 살려 스타일링을 한다.

8. 예상 문제 2021.8 (버티컬&다이애거널)

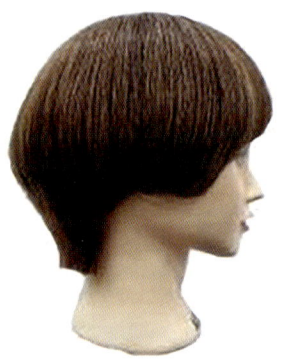
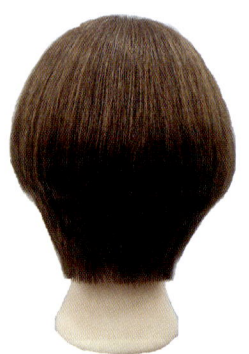
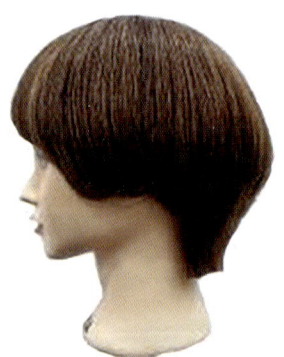

8. 예상 문제 풀이 (버티컬&다이애거널)

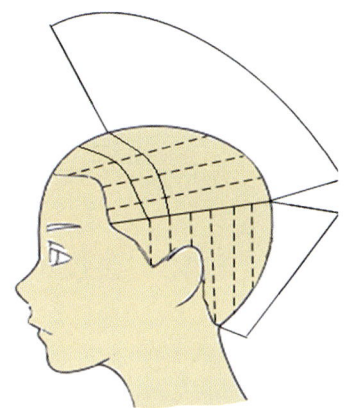

1. **언더** : 엑스테리어 네이프는 4cm, G·B·M·P(or골덴 백 미들 포인트)는 9cm 기장으로 두상 각도 90°로 온 베이스를 유지하며 하이 그라데이션으로 연결하며 커트한다.
2. **탑, 사이드** : 인테리어 커트시 탑의 길이는 약 18cm 기장으로 기준점을 삼아 전대각으로 커트한다.
3. **프론트** : 센터 포인트는 약 7cm 기장으로 기준점을 삼은 뒤, 라운드로 아웃라인을 만든다. 이때 낮은 시술각 30°로 커트해야 한다.
4. **마무리** : 질감 처리는 앤드에서 노멀로 진행한다.

9. 예상 문제 2021.9번 (디스커넥션 비대칭 전대각 뱅 스타일)

 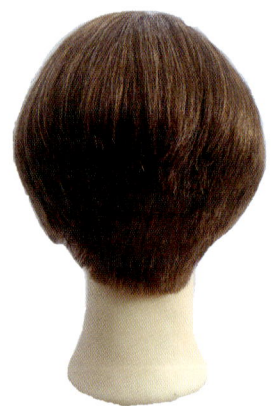 

9. 예상 문제 풀이 (디스커넥션 비대칭 전대각 뱅 스타일)

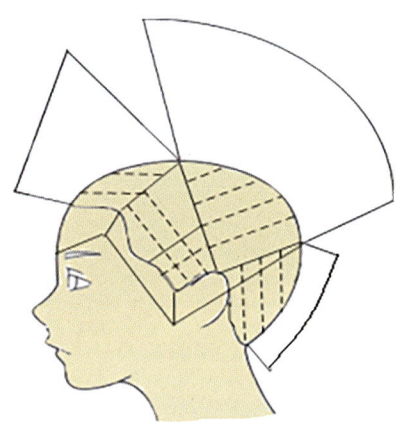

1. **언더(엑스테리어)** : 네이프는 5cm 기장을 기준점으로 잡아 온 베이스로 커트해야 한다.
2. **백, 탑(인테리어)** : 백 포인트 7cm로 기장으로 기준점을 잡고, 디스커넥션 전 대각 70°로 커트해야 한다. 이때 탑 길이는 18cm가 되어야 한다. (좌측 사이드코너 포인트의 기장은 약 2cm가 되어야 한다.)
3. **앞머리** : 좌측 앞머리 뱅은 약 6cm 기장이 되어야 하며, 이때 곡선으로 커트해야 한다.
4. **오른쪽 프론트** : 나머지 머리 단은 뒤로 당긴 뒤, 아래쪽 가이드에 맞춰 자연시술각은 0°이며, 흐름을 45°로 연결하며 커트한다.
5. **우측 센터** : 우측 센터 포인트는 약 22cm기장이 되게 커트해야 한다.
6. **마무리** : 질감 처리는 앤드 테이퍼링으로 마무리 하며, 페이스라인은 깔끔한 선이 보이도록 해야 한다.

10. 예상 문제 2021.11번 (레이어&그래쥬에이션)

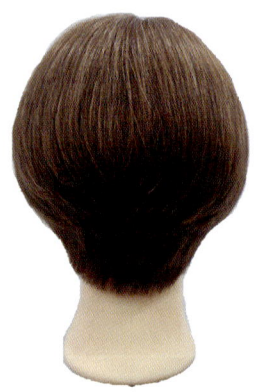

10. 예상 문제 풀이 (레이어&그래쥬 에이션)

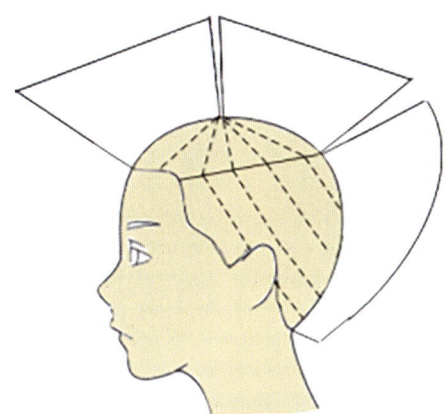

1. **언더 & 미들 존** : 후 대각 파팅을 하여 사이드의 흐름과 풍성한 볼륨을 줘야 한다. 따라서 네이프 포인트 4cm, 백포인트 11cm, 사이드 코너 포인트 5cm, 사이드 포인트 14cm, 미들 존 16cm 기장으로 커트 해야 하며, 이 때 두상 각도 약 60°로 연결하며 커트해야 한다.

   ※ 그래쥬에이션커트시 레이어가 접목 될 수 있다. 이 때 주의해야 하는 점은 그래쥬에이션의 무게 선이 무너지지 않게 유의 해야 한다.

2. **오버존&탑** : 탑 포인트 약 9cm, 센터 포인트는 약 11cm 기장으로 기준점을 만든 뒤, 온 베이스로 커트하며, 아랫단과 연결하며 커트해야 한다.

3. **마무리** : 엔드 데이퍼링으로 마무리 한다.

11. 예상 문제 2022.1번 (콤비네이션)

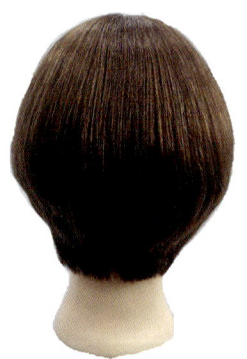

11. 예상 문제 풀이 (콤비네이션)

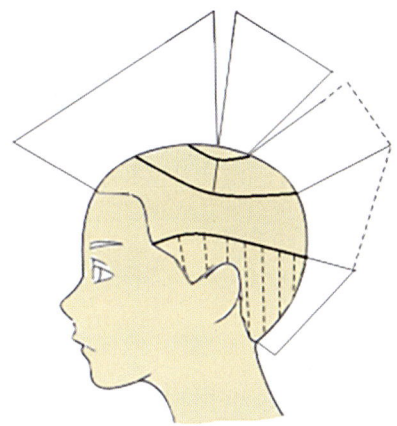

1. **백** : 사이드 포인트에서 백 부분까지 가로는 곡선, 세로는 수직 파팅한 뒤 네이프 3cm, 백 8cm 기장으로 잡은 뒤 온베이스로 두상각도 90°로 커트한다. 이때 사이드는 8cm로 기장을 잡는다.
2. **탑** : 센터 탑 포인트 14cm로 가이드 만든후 두상각도 90°로 백과 연결하며 커트한다.
3. **오버존** : 두 번째 곡선 파팅과 같은 방법으로 커트하나, 뒤쪽의 코너를 제거해 볼륨감을 높여준다.
4. **탑** : 탑포인트 기장은 약 17cm로 만들어 연결 커트한다.
   (백포인트 8cm ~ 탑 포인트 17cm까지는 손 위치가 비 평행으로 연결 커트해도 무방하다.)
5. **마무리** : 질감 처리는 앤드 & 노멀로 마무리한다.

12. 예상 문제 2018.25 (콤비네이션 비대칭)

 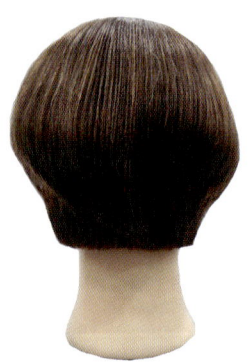 

12. 예상 문제 풀이 (콤비네이션 비대칭)

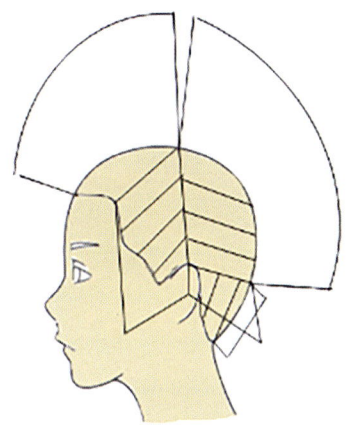

1. **언더** : 네이프 포인트에서 백 포인트까지 기장 3cm로 두상 각도 90°여야 하며, 온 베이스로 커트해야 한다. 이때 사이드 포인트까지 연결해서 커트한다.
2. **좌측 백사이드** : 이어백 기장은 4cm, 백 포인트 기장은 11cm로 해야 하며, 후 대각으로 파팅해 두상 각도 약 60°로 들어 탑까지 연결하며 커트한다.
3. **우측 백사이드** : 우측 오버존과 백 포인트 기장은 4cm, 우측 이어백포인트 기장은 11cm로 유지해야 하며 파팅은 후 대각으로 해야 한다. 각도는 두상각도 약 60°이며 이 좌측과 동일하게 탑까지 연결 커트해야 한다.
4. **좌측 사이드** : 좌측 사이드는 백과 달리 수평 파팅으로 해야 하며, 기장은 6cm, 각도는 두상각도 60°로 직각 분배(버티컬 섹션)으로 커트한다.
5. **우측 사이드** : 우측 사이드는 뒷선과 연결하며 커트한다. 이때 사이드코너포인트의 기장은 약 15cm가 되어야 한다.
   ※ 뒤에서 보면 좌우가 다른 우대각 커트이다. 커트한 뒤 점검할 때 이 점을 유의해야 한다.
6. **프론트** : 좌측 프론트 사이드 포인트 기준 6cm기장으로 잡아야 하며, 기장 6cm을 시작으로 우측 사이드가 길어지도록 커트해야 한다. 이런 느낌을 살리기 위해선 자연각도 0°로 커트해야 한다.
7. **마무리** : 앤드 테이퍼링으로 질감 처리하며, 커트의 선이 정확히 보일 수 있도록 라인 정리한다.

13. 예상 문제 2019.17 (미니뱅 전대각 그래쥬에이션)

 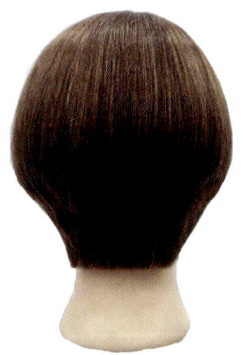 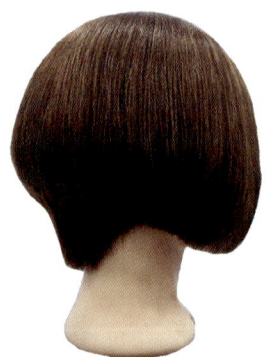

13. 예상 문제 풀이 (미니뱅 전대각 그래쥬에이션)

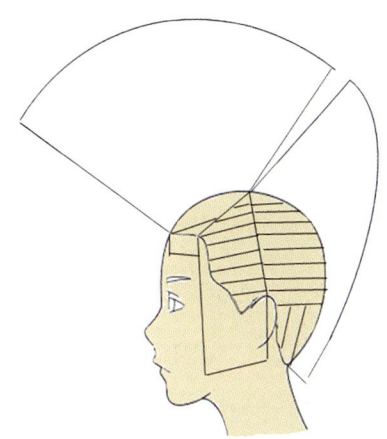

1. **언더** : 네이프의 기장은 3cm, 백 포인트의 기장은 6cm가 되어야 하며, 두상각도 90°로 온 베이스로 커트해야 한다.
2. **백** : 백에서 탑 부분까지 수평 파팅으로 해야 하며, 두상 각도 70°로 들어 커트한다. 이때 손은 전대각으로 유지해야 한다.
3. **우측 사이드** : 파팅은 수평으로 진행한다. 각도는 두상 각도 70°로 들어 커트를 진행한다.
4. **좌측 사이드** : 우측 사이드와 동일하게 수평 파팅으로 진행하며, 우측 사이드와 달리 좌측 사이드는 두상 각도 45°로 들어 커트해야 한다.
5. **프론트** : 프론트는 미니 뱅을 눈썹 선에 맞게 자연각 0°로 마무리 한다.
6. **마무리** : 앤드와 노멀을 적절히 혼합하여 질감처리하여 마무리 한다.

14. 예상 문제 2020.3 (볼륨 비대칭 그래쥬에이션)

 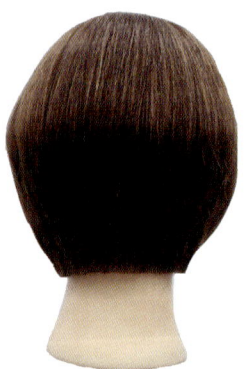 

14. 예상 문제 풀이 (볼륨 비대칭 그래쥬에이션)

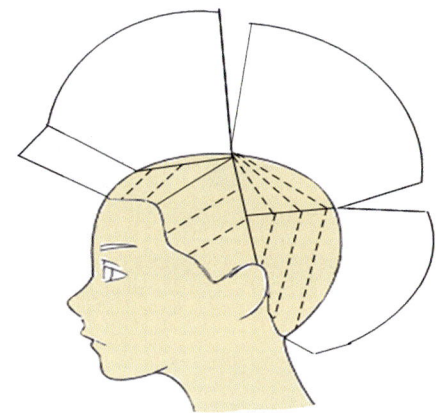

1. **언더** : 엑스테리어는 네이프의 기장은 약 4cm, 골덴 백 미디움 포인트 기장은 약 8cm로 잡아야 한다. 기준선은 온 베이스로 커트하지만, 사이드로 갈수록 오프더 베이스로 진행하여야 한다(이때 베이스는 뒤쪽으로 당겨야 한다.). 파팅은 사선 파팅으로 해야한다.
2. **탑** : 탑포인트에서 기준선을 만들어야 한다. 이때 기장은 약 16cm여야 하며, 파팅은 피봇 파팅을 한 뒤 온베이스로 커트해야 한다.
3. **좌측 사이드** : 전 대각 파팅을 한 후, 좌측 사이드 코너 포인트에서 기준선 기장은 4cm로 커트해야 하며, 두상각도 약 60°로 들어 커트한다.
4. **우측 사이드** : 좌측 사이와 마찬가지로 전대각 파팅으로 진행해야 한다. 이때 우측 사이드 코너 포인트의 기준선 기장은 약 15cm로 잡아야 하며, 각도는 두피각도 약 45°로 들어 커트한다.
5. **프론트** : 가르마 선을 중심으로 각 파팅 마다 사이드로 진행한다. 이때 오른쪽으로 흐름을 45°도의 각도 한다.
6. **마무리** : 질감 처리를 한 뒤 라인 정리를 하며 마무리 한다.

15. 예상 문제 2020.8 (숏 보브 하이그래쥬에이션)

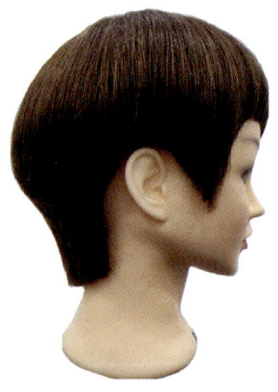 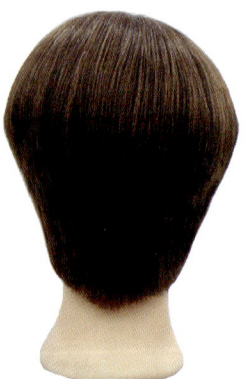 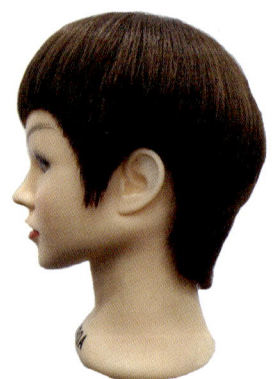

15. 예상 문제 풀이 (숏 보브 하이그래쥬에이션)

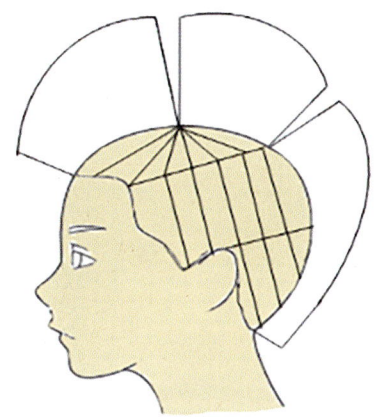

1. **언더 & 미들** : 수직 파팅을 한 뒤, 기준선을 잡는다.(네이프 4cm, 백 7cm, 골덴 9cm) 기준선을 잡은 뒤 온베이스로 커트한다.
2. **사이드(좌, 우측)** : 커트 된 미들 존의 가이드에 맞춰 두상 각도 90°로 사이드 베이스로 커트한다. 이때 사이드코너 포인트 기장은 약 3cm로 유지해야 한다.
3. **탑** : 탑포인트 기장은 약 15cm로 하며, 피봇파팅(방사파팅)으로 커트한다.
4. **사이드 (좌측)** : 사이드 직각 파팅으로 나눈 후 커트한다. 또한 좌측 프론트 사이드 포인트의 기장은 5cm로 기준점을 삼아 페이스라인을 정리한다.
5. **사이드 (우측)** : 센터 포인트에서 기장을 4cm로 기준점을 잡아 페이스 라인을 정리한다. 이때 라인은 센터 포인트의 기장을 중심으로 아치형의 모양으로 라인을 정리한다. (도면 사진을 참고)
6. **마무리** : 라인은 깨끗하게 정리하며, 앤드 테이퍼링으로 마무리해야 한다.

16. 예상 문제 2021.14 (전대각 하이그래쥬에이션 보브)

16. 예상 문제 풀이 (전대각 하이그래쥬에이션 보브)

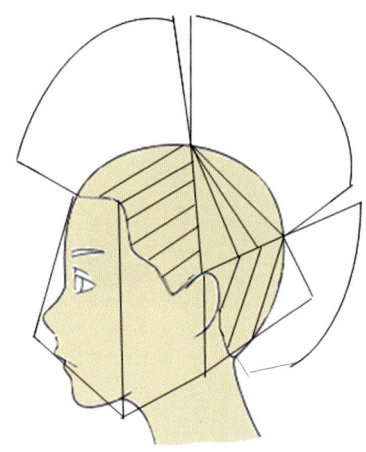

1. **언더** : 네이프는 가이드 3cm로 자른 후 해당 기장을 기준점으로 잡아 사이드 베이스로 백 포인트에서 10cm로 기장을 자른 뒤, 네이프에서 잡은 기준선과 연결이 되도록 커트한다. 이때 밑의 가이드가 파이지 않게 주의해야 한다.
2. **미들** : 미들 존의 백 포인트 10cm 기장으로 가이드를 삼은 뒤 온 베이스로 와 연결해서 커트한다.
3. **탑** : 탑 부분은 약 15cm의 기장을 기준점으로 잡아 중심 첫 단은 온 베이스로 커트 한다. 그 후 나머지 단은 피봇 섹션으로 나누어 온베이스로 삼은 기준선에 맞추어 사이드 베이스로 연결하며 커트한다.
4. **사이드** : 양쪽 사이드 모두 동일하나, 사이드 코너 포인트의 기장을 17cm, 프론트 사이드 기장은 24cm로 진행해야 하며, 전 대각 파팅을 한 뒤 직각 분배로 한 뒤, 두피 각도 약 60°각도로 들어 커트한다.
5. **프론트** : 센터 포인트에서 약 14cm, 탑 부분은 15cm 기장으로 기준점을 만든 뒤, 탑 부분 가이드에 가깝게 모아서 커트한다.
6. **마무리** : 앤드, 노멀 테이퍼링으로 질잠처리 하며 마무리 한다.

17. 예상 문제 2022.5 (전대각&수평그래쥬에션 보브)

 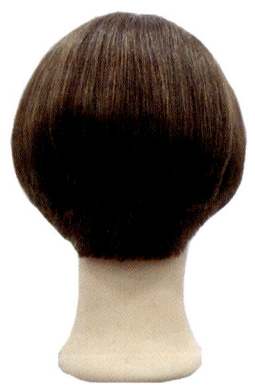 

17. 예상 문제 풀이 (전대각&수평그래쥬에션 보브)

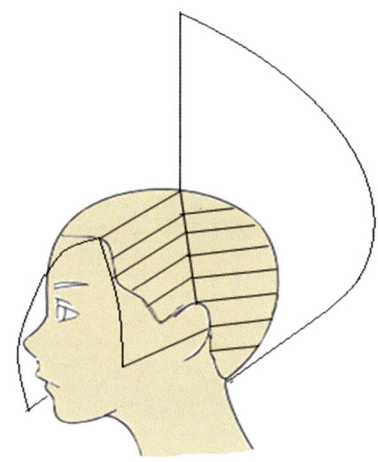

1. **언더** : 백 네이프 미디움 포인트에서 3cm 기준선을 잡아, 네이프에서부터 백 네이프 미디움 포인트까지는 싱글링으로 커트한다.
2. **백** : 백 부분은 기장이 8cm가 되도록 두상각도 45°로 한 뒤, 파팅과 평행으로 커트한다.
3. **탑** : 탑 포인트가 17cm 기장으로 가이드를 맞춘 뒤, 두피각도 45°로 들어 수평 커트로 진행한다.
4. **사이드, 프론트** : 양 사이드 모두 전 대각으로 직각 파팅을 한다. 사이드 코너 포인트에서 약 8cm 기장으로 기준점을 잡아야 한다. 이때 두피 각도 약 45°로 들어서 커트해야 하며, 우측 사이드는 기장 긴 길이가 약 25cm길이가 되어야 한다.
5. **마무리** : 앤드, 노멀로 테이퍼링 하며 마무리 한다.

18. 예상 문제 2022.9 (하이그래쥬에이션 좌대각 뱅)

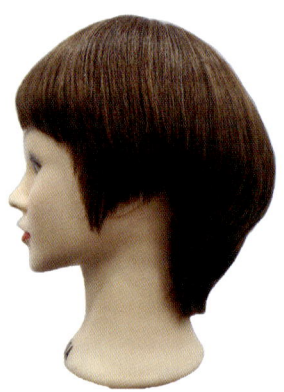
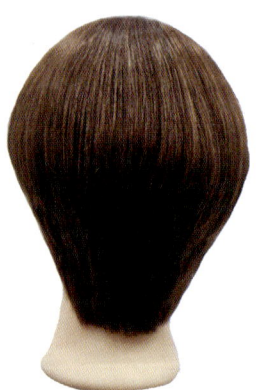
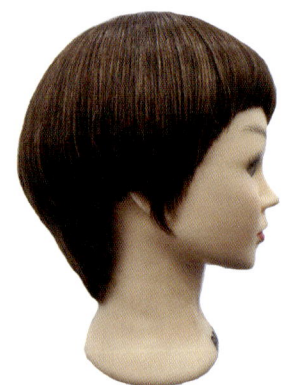

18. 예상 문제 풀이 (하이그래쥬에이션 좌대각 뱅)

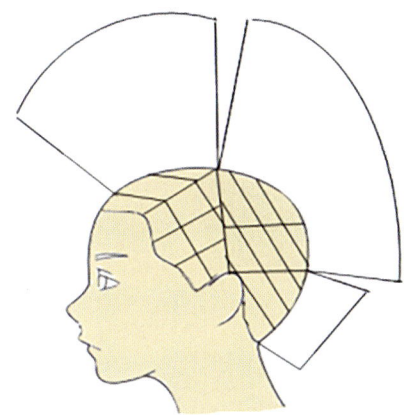

1. **언더(네이프)** : 네이프는 약 6cm 기장으로 기준점을 잡은 뒤, 수평으로 커트한다.
2. **언더(백)** : 언더존은 후 대각 파팅으로 나눈다. 백 포인트는 약 8cm, 탑 포인트 기장은 4cm기장으로 자른 뒤 네이프, 백, 탑이 연결이 되도록 커트한다.
3. **미들** : 미들과 오버존은 디스 커넥션으로 진행해야 한다. 이때 언더보다 4cm보다 긴 12cm기장으로 진행해야 하며, 탑 포인트는 16cm기장으로 기준점을 잡아야 한다. 해당 기준점에 맞춰 두상각도 70~80°로 들어 대각 파팅으로 커트해야 한다.
4. **사이드 (우측)** : 우측 사이드 코너 포인트 기장은 5cm 기준점을 맞춰 낮은 시술각 30°로 커트한다.
5. **사이드 (좌측)** : 좌측 사이드 코너 포인드 기징은 8cm로 맞춰야 하며, 이때 자연 시술각 45°로 커트한다.
6. **프론트** : 좌측 사이드와 연결해서 시술각 30°으로 진행하며, 손 위치는 비 평행으로 진행해서 커트한다.
7. **마무리** : 앤드 테이퍼링으로 질감처리하며, 라인정리를 깔끔하게 마무리 한다.

19. 예상 문제 2022.11 (디스커넥션 & 우 대각)

 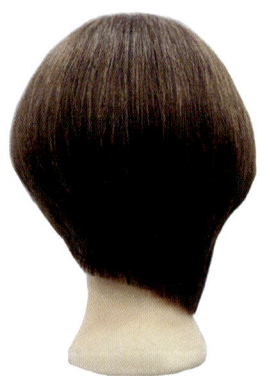 

19. 예상 문제 풀이 (디스 커넥션 & 우 대각)

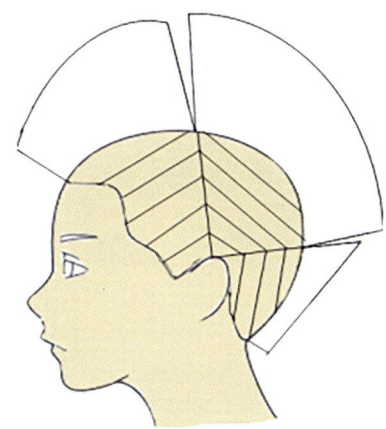

1. **언더(네이프)** : 네이프 기장은 3cm, 백 포인트 7cm 기장으로 잡은 뒤, 우측으로 흐르는 비대칭 느낌이 나도록 우측 베이스로 진행하며, 높은 시술각(약 60~89°)으로 커트한다.
2. **언더(백)** : 백 포인트에서 부턴 후 대각으로 진행한다. 이때 아랫단과 3cm 단차가 나야 하며, 디스 커넥션의 중간 시술각 두상각도 약 50~60° 더 정확하게 넣으로 커트해야 한다.
3. **사이드(좌측)** : 좌측 사이드의 기준점은 8cm로 지정하며, 전대각 두피각도 45°로 들어 커트한다.
4. **사이드(우측)** : 우측 사이드 같은 경우 10cm로 기준점을 삼으며, 좌측 사이드와 같이 전대각 두피각노 45°로 진행한다.
5. **프론트** : 프론트는 좌측사이드의 가이드를 잡고 우측 사이드와 연결하여 커트한다.
6. **마무리** : 앤드, 노멀로 질감처리 하며, 라인은 깔끔하게 정리한다.

20. 예상 문제 2025.1 (후대각 보브)

20. 예상 문제 풀이 (후 대각 보브)

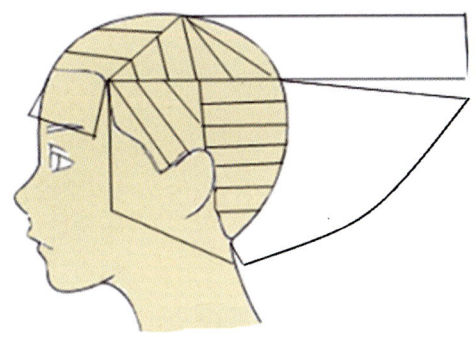

1. **네이프** : 네이프 포인트 기장은 4cm로 가이드를 잡고 자연시술각 0° 커트를 진행 한다.
2. **백** : 네이프부터 백 포인트까지 같은 방법으로 커트한다. 이때 빗질은 두상을 따라 해야 하며, 모발 끝이 인커브가 되도록 진행한다.
3. **탑** : 탑 부분의 섹션은 피봇으로 진행하며, 아랫단의 가이드를 기반으로 자연각도 90°로 진행한다. 이때 베이스는 온 베이스로 진행한다.
4. **사이드** : 양쪽 사이드는 8cm로 가이드 자연각도 0°로 커트 후 자연시술각 30°로 후 대각으로 커트해야 한다.
5. **프론트** : 센터 포인트에서 8cm 가이드로 모아 자연각도 0°로 커트한다.
6. **마무리(질감처리)** : 앤드 테이퍼링으로 질감처리를 하고 모발 끝은 콤 아웃하여 도면과 과 같이 마무리 한다.

    ※ 콤아웃 : 커트 마무리시 빗질을 곱게 하여 모발의 끝이 안으로 들어가게 스타일링을 하는 것을 말함

21. 예상 문제 2025.3 (콤비네이션 뱅 보브)

21. 예상 문제 풀이 (콤비네이션 뱅 보브)

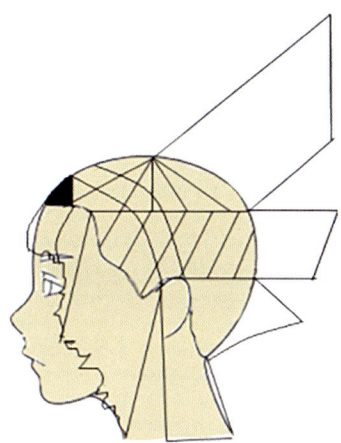

1. **네이프** : 네이프 포인트 기장은 10cm로 기준점을 만든 뒤 자연각도 0°로 커트한다. 이때 몸의 위치는 네이프 포인트 중앙에서 고정해야 한다.

2. **백** : 백 포인트까지 자연각도 0°로 자른다. 이때 백 포인트에서 13cm기장으로 기준점을 만든 뒤, 백포인트 아래 10cm 길이와 만나는 지점에서 두피각도 45°로 커트한다. 이때 네이프처럼 백포인트 중앙에서 몸의 위치를 고정해서 커트해야 한다. 이때 이어 백 포인트의 기장을 확인하면 16cm가 나와야 한다.

3. **미들** : 미들존에서 16cm 기장으로 기준점을 잡은 뒤, 두피각도는 90°로 들지만, 손가락을 45°로 기울려 커트한다. 파팅은 사선으로 진행하며, 가이드 선이 무너지지 않도록 커트한다.

4. **백 프론트** : 백에서 프론트 사이드 포인트 까지는 약간 뒤로 당겨 길이가 짧아지지 않게 길이 확보 해야 한다. 이때 사이드코너 17cm, 프론트 사이드 포인트 17cm가 되도록 해야 한다.

5. **탑** : 탑 포인트의 기장은 20~21cm가 되도록 기준점을 잡아야 하며, 온 베이스로 진행하며, 두상각도 135°로 들어 커트한다.

6. **프론트** : 센터 포인트 가이드는 입술 아래로 맞춰 기준을 맞춘 뒤, 시술각 45°로 진행하여 커트 후 테이퍼링을 활용하여 가벼움을 표현한다.

7. **센터** : 센터 포인트 기장은 8cm로 만든 뒤, 양쪽 모두 동일하게 사이드 코너 포인트까지 슬라이싱으로 연결한다.

8. **마무리** : 앤드, 딥으로 질감처리 하며 마무리 한다.

22. 예상문제 2018.13 (후 대각 볼륨 그래쥬에이션)

22. 예상 문제 풀이 2018.13 (후 대각 볼륨 그래쥬에이션)

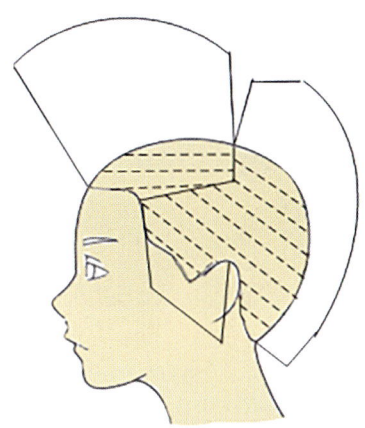

1. **전체적인 느낌** : 후 대각 파팅의 대칭 그라데이션으로 진행한다.
2. **네이프** : 좌 측, 우측 네이프 코너 포인트 가이드 기장은 4cm. 프론트 사이드 포인트 기장은 8cm로 가이드를 잡고 후대각 파팅에 맞게 연결하여 커트를 진행한다. 우측 역시 좌측과 동일한 방법으로 커트한다.
3. **프론트** : 정확한 커트를 위해 블로킹을 진행한다. 블로킹 후, 좌측 프론트 사이드는 7cm, 우측 프론트 사이드 포인트는 10cm 기장으로 가이드를 정한다. 파팅은 좌측에서 우측으로 가는 사선 파팅으로 진행하며, 좌측에서 우측으로 당겨서 커트한다.(이것은 양측다 동일하다.) 이렇게 커트하면 우측 프론트 사이드 포인트와 사이드 포인트에서 디스커넥션이 나오게 된다.
4. **마무리** : 질감 처리는 앤드 테이퍼링으로 진행한다. 이때 탑 부분의 무게가 쌓여있기 때문에 탑 부분은 코너 제거를 해서 무게선을 정리해줘야 한다. 무게선과 질감 처리를 마친 뒤 라인 정리를 해준다.

23. 예상 문제 2018.14 (숏 뱅 & 콤비네이션)

 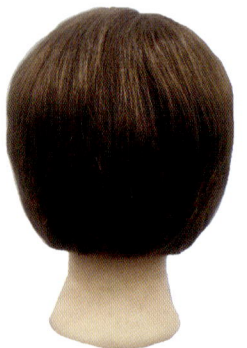 

23. 예상 문제 풀이 2018.14 (숏 뱅 & 콤비네이션)

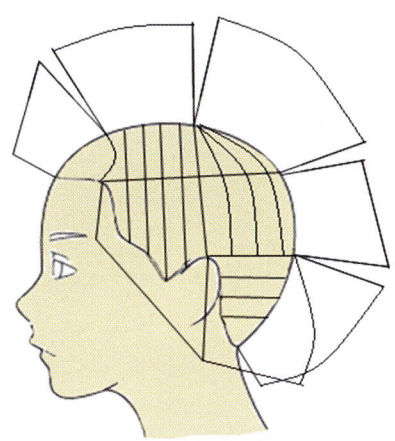

1. **네이프** : 네이프 포인트 기장 5cm로, 백포인트 기장 12cm로 가이드를 잡은 뒤, 수평 커트한다. 이때 네이프 코너 포인트는 3cm로 잡아야 하며, 후대각으로 커트선이 나올 수 있도록 커트한다.
2. **백** : 백 포인트는 12cm, 미들존(크래스트)이 10cm가 나올 수 있도록 업 사이드로 커트한다. (이때 커트 선이 레이어로 나온다.)
3. **탑** : 오버 존 12cm, 탑 포인트 13cm로 가이드 선을 잡은 뒤, 미들과 디스 커넥션을 하며 연결 커트를 해준다.
4. **사이드(좌측)** : 좌측 프론드 사이드 포인드에서 6cm 기징으로 가이드를 만든 뒤, 이어 포인트 페이스 라인 쪽으로 당겨서 자연각으로 연결 커트한다.
5. **탑** : 탑 포인트에서 13cm기장으로 가이드를 만든 뒤, 위로 똑바로 90° 스퀘어 커트한다.
6. **프론트** : 센터 포인트 3cm, 센터 탑 미디움 포인트는 7cm로 가이드를 잡은 뒤 해당 부분을 연결해서 커트한다.
7. **사이드(우측)** : 우측 프론트 사이드 포인트 6cm로 기준점을 만든 뒤, 이어 포인트 페이스 라인 쪽으로 당겨서 자른다.
8. **마무리** : 앤드, 노멀로 질감처리를 진행 한뒤, 라인 정리를 한다.

24. 예상 문제 2019.6 (V 콤비네이션)

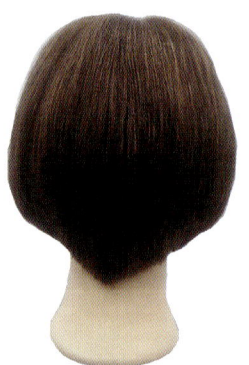

24. 예상 문제 풀이 2019.6 (V 콤비네이션)

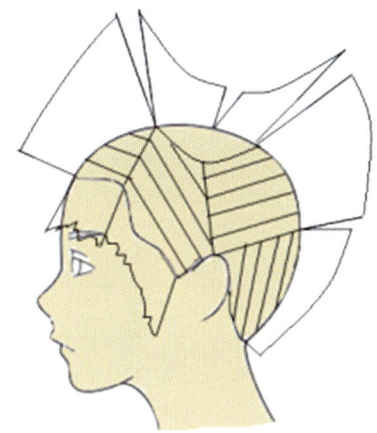

1. **언더, 백** : 네이프는 3cm, 백은 5cm로 기준점을 잡은 뒤, 두상각도 80°로 들어 온 베이스로 커트한다.
2. **미들** : 백 부분의 길이 7cm, 크래스트(골덴포인트) 9cm 기장으로 기준선을 맞춘다. 가이드에 맞춰 한 파팅만 온 베이스로 디스 커넥션으로 커트해 가이드를 만든다. 그 외 나머지 가이드는 전대각 파팅으로 오버 디렉션하여 커트한다.
3. **사이드** : 사이드는 모두 동일하게 후 대각 파팅으로 진행한다. 사이드 코너 포인트에서 7cm 기장으로 기준선을 맞춘 뒤, 직각 분배하어 커트한다.
4. **탑** : 탑 포인트에서 5~6cm로 기준점을 잡는다. 이때 원형 섹션으로 나눈 뒤 슬라이싱 기법으로 커트한다.
5. **프론트** : 센터 포인트 9cm 기장으로 맞춘다. 라운드 모양이 나오게 자연각도 0°로 커트한다. 이때 손 각도는 45°로 잡아서 커트해야 한다.
6. **라인 정리** : 넥 라인은 브이라인이 보이도록 정리한다.
7. **프론트와 사이드의 연결** : 슬라이싱으로 자연스러운 커트선이 나올 수 있도록 연결한다.
8. **마무리** : 앤드 ~ 노멀까지 적절하게 질감처리한다.

25. 예상 문제 2019.12 (비대칭 미니뱅)

25. 예상 문제 풀이 2019.12 (비대칭 미니뱅)

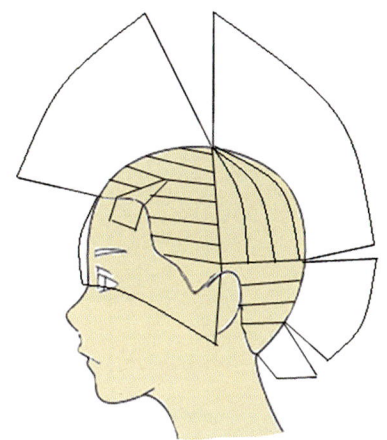

1. **언더** : 네이프에서 4cm 위에 있는 지점에서 파팅한 뒤 자연각도 0°로 커트한다. 이때 좌측, 우측 네이프 코너 포인트가 3cm로 기준점을 잡아 커트한다.
2. **백** : 네이프에서 잘랐던 기장을 가이드로 잡는다. 이때 백 포인트에서 수평 파팅을 진행해야 하며, 가이드 기준으로 두상각도 80°로 들어 직각 분배하며 커트한다.
3. **탑** : 탑 포인트에서 약 16cm 기장으로 가이드를 만든다. 이때 피봇 파팅으로 진행해야 하며, 백과 연결하며 커트해야 한다.
4. **사이드(좌측)** : 센터포인트는 약 11cm, 탑 포인트는 12cm, 좌측 사이드 코너 포인트의 기작은 약 7cm로 기준점을 잡은 뒤, 두싱각도 45°로 들어 연결하듯 커트한다.
5. **사이드(우측)** : 센터 포인트 약 11cm, 우측 사이드 코너 포인트는 약 10cm로 잡아 대각 파팅을 한다. 이때 45°느낌으로 연결하듯 커트한다.
6. **프론트** : 좌측 프론트에서 6cm로 기준점을 잡은 뒤, 미니뱅을 만들어 슬라이싱으로 연결하며 커트한다.
7. **마무리** : 앤드 테이퍼링으로 라인을 연결하며 정리한 뒤, 좌측에서 우측으로 흐르는 연출을 위하여 콤 아웃하여 정리한다.

26. 예상 문제 2020.4 (미디움 그래쥬에이션 보브)

26. 예상 문제 풀이 2020.4 (미디움 그래쥬에이션 보브)

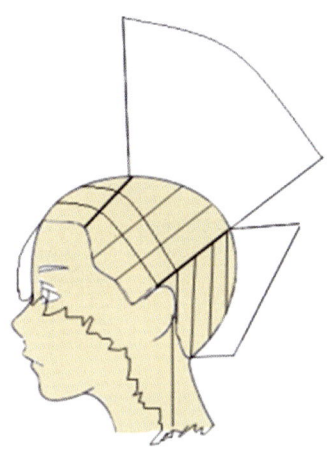

1. **엑스테리어** : 네이프 기장은 4cm, 골덴 백 미디움 포인트 기장은 8cm로 잡은 뒤, 온베이스로 두상 각도 90°로 진행한다.
2. **백** : 백 사이드 까지는 사이드 베이스로 커트한다.
3. **탑** : 인테리어는 전 대각으로 파팅한다. 골덴 백 미디움 포인트 기장은 약 11cm, 탑 기장은 19cm로 진행하며, 아랫단과 디스커넥션하여 약 45°로 커트한다.
4. **사이드** : 사이드 코너 포인트는 약 17cm 정도 되게 커트한다. 이때 파팅은 후대각으로 진행하며, 각도는 들지 않는다.
5. **프론트** : 좌측 사이드 파팅으로 진행 후 우측으로 흐르게 커트한다. 시술각은 0°
6. **마무리** : 앤드 & 노멀로 질감처리를 하고, 라인은 포인트 기법으로 이용해 마무리 한다.

27. 예상 문제 2020.9 (비대칭 미디움 그래쥬에이션)

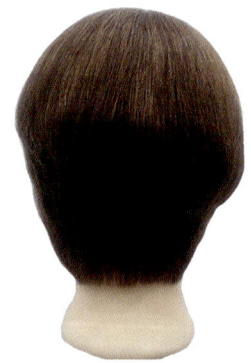
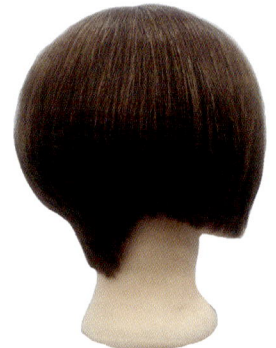

27. 예상 문제 풀이 2020.9 (비대칭 미디움 그래쥬에이션)

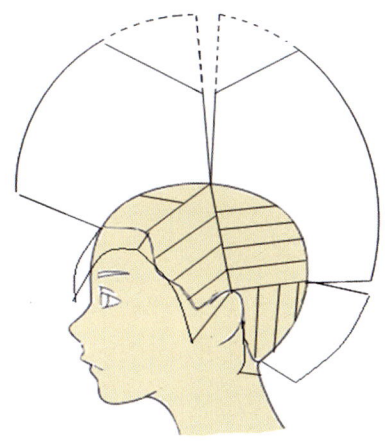

1. **네이프** : 네이프 기장은 4cm, 백 포인트 기장은 7cm로 가이드를 잡는다. 해당 가이드에 맞춰 높은 시술각(약 60~89°)으로 커트 한다.
   (네이프 코너 포인트 파임 현상이 생기지 않게 주의한다.)

2. **백에서 탑** : 백에서 탑 부분까지 수평 파팅으로 진행하며, 탑 포인트에서 약 17cm 기장으로 잡은 뒤, 두상각도 약 60°로 들어 커트한다.

3. **사이드 (좌측)** : 전대각 파팅으로 진행한다. 좌측 사이드 코너 포인트에서 약 3cm기장으로 기준점을 잡은 뒤, 높은 시술각(약 60~89°)지 정확히 기재해주면 으로 커트한다.

4. **사이드 (우측)** : 우측 사이드 역시 전대각 파팅으로 진행한다. 이때 기준점은 우측 사이드 코너 포인트는 약 10cm로 잡는다. 하지만 좌측과 달리 우측 사이드는 중간 시술각(약 31~60°)으로 커트해야 한다.

5. **프론트** : 좌측 프론트 센터 포인트에서 4cm 기장으로 기준점을 잡은 뒤 우측으로 흐르는 비대칭으로 커트해야 한다.

6. **탑** : 탑 포인트는 두상각도 180°로 들어 자연스럽게 연결 되도록 모발 끝의 코너를 제거해야 한다.

7. **마무리** : 질감 처리는 앤드 테이퍼링으로 진행한다. 모발끝의 지저분한 부분은 라인 정리하며 깔끔하게 마무리 한다.

28. 예상 문제 2021.3 (수평 & 전대각 비대칭 보브)

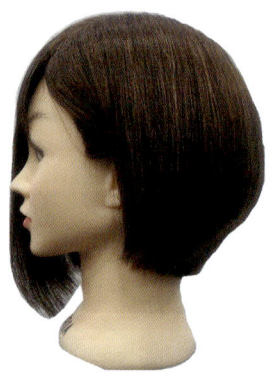

28. 예상 문제 풀이 2021.3(수평 & 전대각 비대칭 보브)

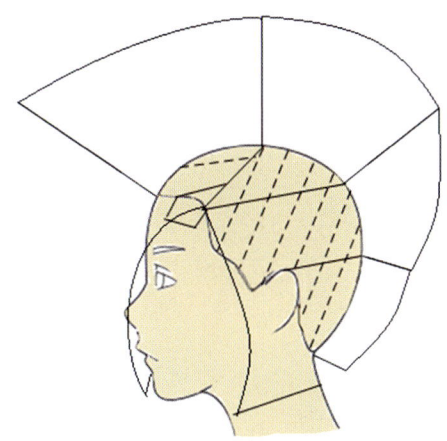

1. **네이프** : 네이프 기장은 3cm, 백 부분은 7cm로 기준점을 잡는다. 이때 파팅은 전 대각 파팅을 하여 각 파팅마다 사이드 베이스로 커트해야 한다.
2. **미들** : 미들존의 기장을 약 7cm로 잡은 뒤 사이드 아랫단과 연결하며 커트한다.
3. **오버** : 오버존 역시 미들과 같은 방법으로 커트 진행하면 된다.
4. **프론트** : 좌측 프론트 사이드에서 7cm길이로 미니뱅을 한 뒤, 슬라이싱하며 연결한다.
5. **마무리** : 앤드~노멀로 질감 처리한다.

29. 예상 문제 2021.5 (뱅 전 대각 그래쥬에이션 보브)

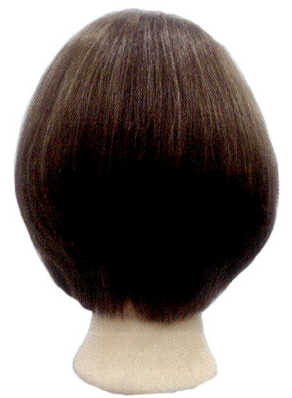

29. 예상 문제 풀이 2021.5 (뱅 전 대각 그래쥬에이션 보브)

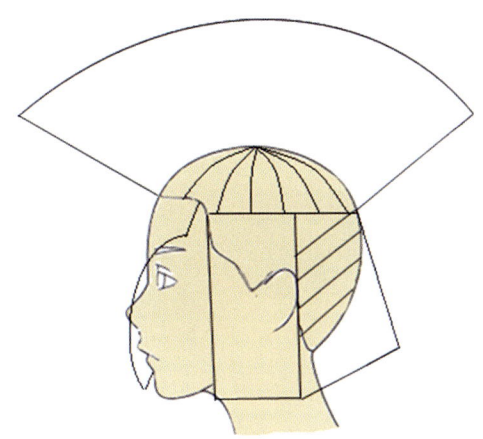

1. **네이프** : 네이프 포인트에서 기장 5cm로 가이드를 만든 후, 자연 각도 0°로 커트한다.
2. **백** : 전 대각으로 파팅을 한 뒤, 자연각도 70°로 들어 네이프를 연결하며 커트한다.
3. **사이드** : 수평 파팅으로 진행하며 시술각 45°로 진행한다.
4. **탑** : 인테리어 질감을 위하여 탑 기장 18cm기장으로 가이드를 잡는다. 가이드를 잡은 뒤 두상각도 90°로 잡는다. 파팅은 피봇 파팅으로 커트한다.
5. **프론트** : 모든 부분을 다 커트 한 뒤, 좌측에서 우측으로 흐르는 라인으로 정리하는 식으로 커트한다.
6. **마무리** : 앤드~노멀로 질감 처리를 하며 마무리한다.

30. 예상 문제 2021.7 (클래식 보브)

30. 예상 문제 풀이 2021.7 (클래식 보브)

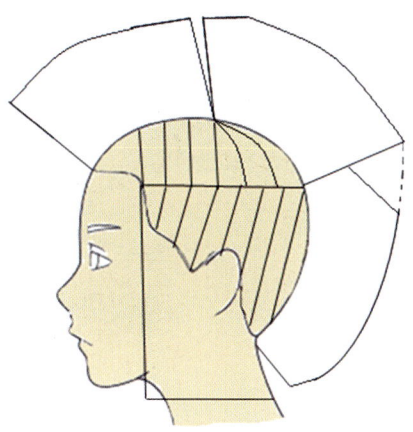

1. **네이프** : 네이프 포인트 5cm, 백 포인트 10cm, 골덴 백 미디움 포인트 13cm 기장이 되어야 하며, 백 센터에서는 온 베이스로 커트 후, 두 번째 파팅 부터는 오프더 베이스로 커트한다. 이때 너무 당기는 것이 아닌, 약 1cm 정도만 당긴다. 프론트 사이드 포인트에서 기장 약 17cm, 사이드 코너 포인트는 약 11cm 길이가 되게 해야 한다.
2. **오버존** : 탑 포인트에서 20cm 기장으로 기준선을 만든 후, 온 베이스로 아랫단과 연결 커트한다. 이때 볼륨을 위해 아랫단과 디스커넥션이 되게 한다.
3. **두정부** : 우측에서 좌측으로 수직 파팅하여 아래 가이드 기준으로 커트한다. 이때 베이스는 온베이스로 진행해야 하며, 뒤쪽 사이드 베이스로 잘라야 길이가 짧아지는 것을 막을 수 있다.
4. **마무리** : 탑 부분의 코너를 제거해 무게감을 줄여줘야 한다. 질감 처리는 앤드 테이퍼링으로 하며, 네이프 라인을 일자 선으로 정리해야 한다.

31. 예상 문제 2021.15 (전 대각 밥 스타일)

 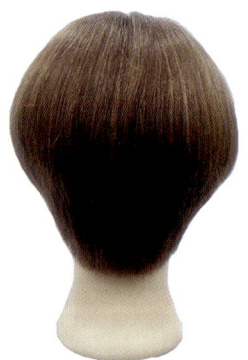 

31. 예상문제 풀이 2021.15 (전 대각 밥 스타일)

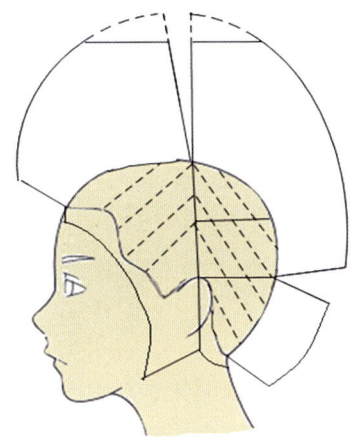

1. **언더** : 파팅은 후 대각 파팅으로 진행하며, 네이프 4cm, 이어 탑포인트 7cm 기장으로 가이드 라인을 기정한다. 후대각 라인을 살리며 두피각도 약 89°로 진행하며 연결 커트한다.
2. **미들** : 파팅은 언더와 동일하게 후대각으로 진행한다. 89°로 잘랐던 언더와 달리, 약 두피각도 70°로 들어 연결 커트해야 한다. 이때 미들존 기장은 12cm가 되도록 해야 한다.
3. **오버** : 파팅은 후대각으로 진행한다. 탑 부분에서 기장을 약 18cm로 기준선을 맞춘 뒤, 두피각도 약 70° 정도로 들어 후대각 라인을 살리며 커트한다.
4. **무게 정리** : 뒷 머리의 커트를 진행 후, 탑 부분을 들어서 나오는 코너를 제거하여 무게선을 줄여준다.
5. **사이드** : 양 사이드의 파팅은 전대각으로 진행하며, 사이드 코너 포인트의 약 7~8cm로 기준선을 맞춘다. 두상각도 70° 각도로 커트한다.
6. **프론트** : 센터 포인트에서 약 3cm 기장으로 기준선을 맞춘 뒤, 라인이 라운드로 나오게 커트한다.
7. **마무리** : 질감 처리는 앤드 테이퍼링으로 한다.

32. 예상 문제 2022.4 (시스루 풀뱅 보브)

  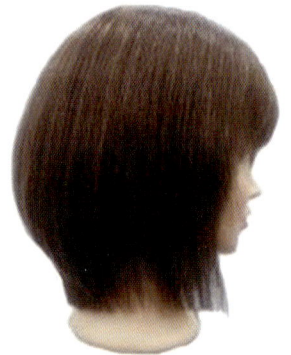

32. 예상 문제 풀이 2022.4 (시스루 풀뱅 보브)

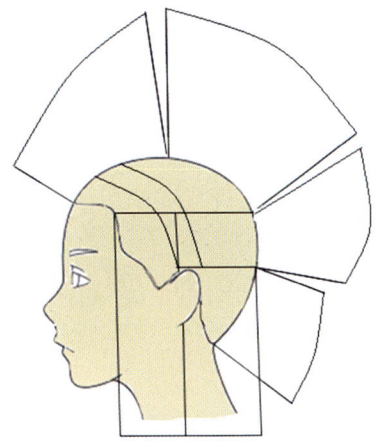

1. **언더** : 네이프는 8cm 기장으로 일자로 자른 후, 백 부분은 6cm 기장으로 기준선을 만든다. 그 후 뒤로 당기며 6cm 기준선에 맞춰 자르면서 커트한다. 이때 시술각은 낮은 시술각을 활용한다.
2. **미들** : 미들존의 아래는 12cm, 위는 14cm 기장으로 자른 후 뒤로 당겨 가이드에 맞춰 한번에 잘라야 한다. 이때 언더라인과 디스커넥션이 되어야 한다. 미들까지 커트한 후, 두 번째 코너의 약 2cm 가량을 잘라 디스 커넥션을 만든다.
3. **탑** : 탑 포인트에서 20cm 기장으로 자른 뒤, 미들과 연결 되는 아래쪽 역시 14cm로 맞춰 커트해야 한다. 이때 파팅은 피봇 파팅으로 연결한다.
4. **사이드** : 사이드 코너 포인트는 16cm, 프론트 사이드 코너 포인트의 기장은 21cm로 자른 뒤, 후 대각으로 커트한다.
5. **프론트** : 센터 포인트에서 8cm 기장으로 기준선을 맞춘 뒤, 라운드 파팅을 하며 곡선으로 자른다.
6. **마무리** : 앤드 & 노멀로 가볍게 질감 처리를 하며 마무리 한다.

33. 예상 문제 2022.12 (풀뱅 숏 그래쥬에이션)

 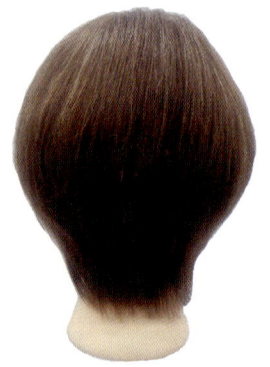 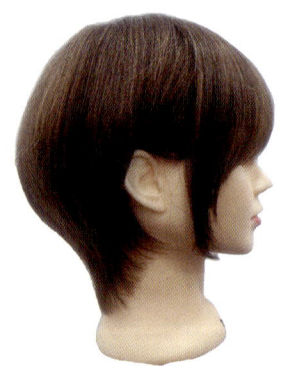

33. 예상 문제 풀이 2022.12 (풀뱅 숏 그래쥬에이션)

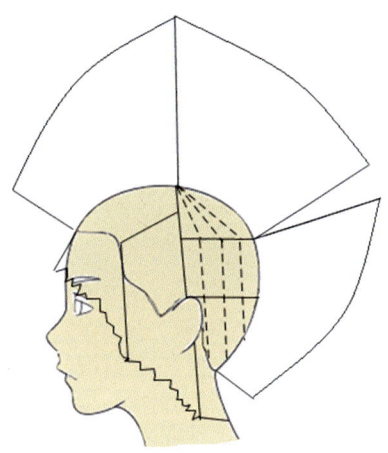

1. **언더** : 네이프 길이 5cm기장으로 기준선을 만든 뒤, 온 베이스로 두상각도 90°로 커트한다.
2. **미들** : 언더 라인도 맞춰 연결해서 커트한다.
3. **오버** : 탑 포인트에서 19cm 기장으로 만들어 아랫단과 연결해서 커트한다.
4. **사이드** : 후대각 파팅으로 진행하며, 사이드 코너 포인트에서 10cm 기장으로 기준선을 만든 뒤, 약 60°도로 커트한다.
5. **프론트** : 가이드 기장은 약 10cm로 기준선을 만든 뒤, 센터에 모아서 커트한다. 이때 사이드까지 슬라이싱으로 연결한다.
6. **마무리** : 앤드 ~ 노멀로 질감 처리를 하며 마무리한다.

34. 예상문제 2025.2 (미디움 뱅스타일 그래쥬에이션)

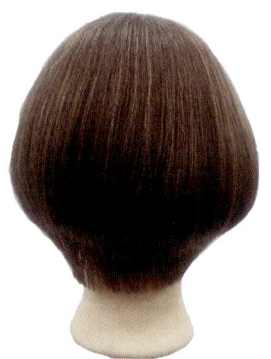

34. 예상문제 풀이 2025.2 (미디움 뱅스타일 그래쥬에이션)

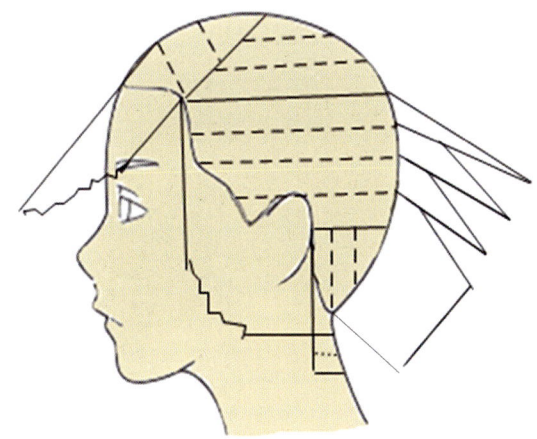

1. **언더** : 네이프 포인트에서 5cm 기장으로 기준선을 맞춘 뒤 자연시술각 0°로 커트한 뒤, 네이프 포인트에서 백 네이프 미디움 포인트까지 두 상각도 45°로 수직 섹션으로 온베이스로 커트한다.
2. **미들** : 수평 파팅하여, 수평 45°로 진행한다. 이때 사이드 코너 포인트의 기장은 10cm가 되어야 하며, 직각 분배로 커트해야 한다.
3. **오버** : 미들 존에 맞춰 고정 가이드로 커트한다.
4. **프론트** : 파팅은 좌에서 우로 흐르는 사선 파팅으로 진행한다. 10cm 기장으로 가이드를 만들어 두상각도 45°로 진행하며 직각 분배(or세로 섹션)로 커트한다.
5. **마무리** : 앤드 테이퍼링으로 질감 처리를 한 뒤 라인 정리를 한다. 이때 라인 정리는 콤 아웃으로 한다.

35. 예상문제 2026. 커트 1 (미디움 뱅 후대각 솔리드)

35. 예상문제 2026. 커트 1 도해도 풀이

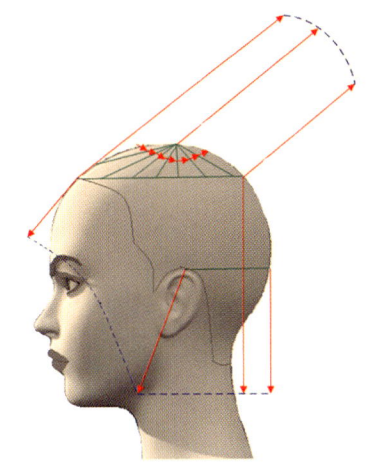 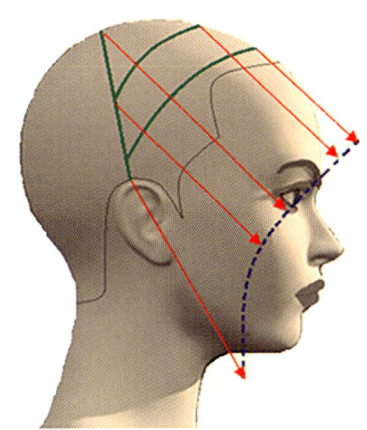

1. **프론트** : 탑 포인트에서 양쪽 눈썹 산 기준으로 파팅한다. (삼각 섹션)
2. **사이드, 백** : 프론트 삼각 섹션을 제외한 부분은 정중선을 기준으로 4등분으로 나 눈다.
3. **언더존** : 양쪽 이어 탑과 백 포인트를 수평 파팅 한 후 네이프 포인트 4㎝, 자연시술각 0°도 커트한다.
4. **미들존, 오버존** : 언더 존의 가이드에 맞춰 모두 자연시술각 0°로 자른다.
5. **오버존** : 골덴 포인트 약20㎝ 기준으로 두상 각 90° 탑의 길이가 짧아지지 않게 주의하면서 오프더베이스(직전파팅까지 당기기)로 센터포인트 까지 반복으로 진행한다.
   (골덴 아래의 커트선은 유지하여, 원랭스의 길이가 잘리지 않게 하기 위해서다.)
6. 반대쪽도 같은 방법으로 진행한다.
7. 센터포인트 에서 이어포인트까지 파팅을 나눈 후 센터에서 약 1㎝, 넓이로 이어포인트까지 파팅을 나눈 후 센터 포인트 기준 약 9㎝를 가이드를 만든다.
8. 손을 라운드로 하여 사이드코너포인트 약 13㎝까지 낮은 시술각으로 둥글게 연결 커트한다. 탑까지 3단으로 나눠서 커트해야 한다. (프론트사이드포인트 약 11㎝, 사이드포인트 약 13㎝, 사이드코너포인트 약 13㎝ 연결하기)
9. 반대편도 같은 방법으로 진행한다.
10. 탑포인트까지 3번에 나눠서 직전에 진행한 가이드를 가지고 같은 방법으로 진행한다.
11. 라인을 깔끔하게 정리하고 마무리 한다.

36. 예상문제 2026. 커트 2 (전 대각 뱅 그래쥬에이션)

36. 예상문제 2026. 커트 2 도해도 풀이

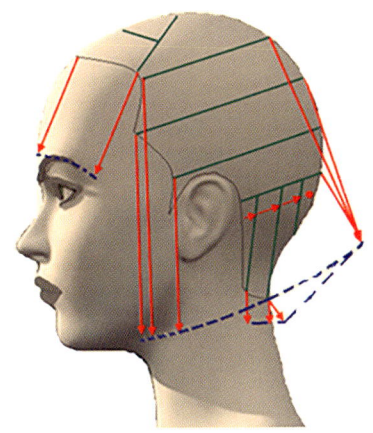 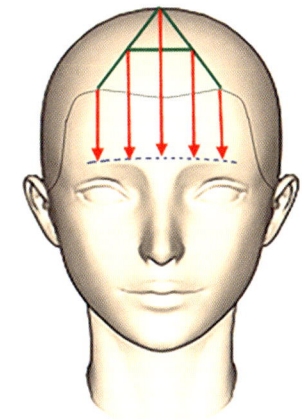

1. **프론트** : 블로킹은 탑 포인트에서 눈썹 산 기준으로 나누고 반대편도 같은 위치로 파팅 한다.
2. **후두부와 사이드** : 기본 블로킹인 4등분으로 나눈다.
3. **언더존** : 네이프기준 4㎝, 길이로 스퀘어 0° 커트로 자른 후 중심을 기준으로 백 포인트에서 귀 중간까지 사선 파팅 한 후 네이프 포인트 기준 약 4㎝, 백 포인트 8㎝, 45° 온베이스로 커트한다.
   (탑포인트 약 21cm)
4. **탑** : 좌, 우 각각 4개 파팅으로 수직에 가까운 전 대각으로 가이드에 맞춰 각 파팅한 뒤, 사이드 베이스로 자른다. 이때 처음에 잘랐던 각도 45° 가이드 보다 각도가 낮아진다.
5. 전 대각 파팅으로 진행한다.
6. 백 사이드로 진행하면서는 낮은 시술각 30° 다운된다.
   (사이드코너포인트 약 13cm, 프론트 사이드포인트 약 22cm)
   ※ 각도는 백 45°, 30° 사이드 15° 순으로 앞으로 갈수록 각도가 다운된다.
7. **사이드** : 사이드는 낮은 시술각 약 15°로 진행하고, 탑까지 같은 방법으로 진행한다.
8. **프론트** : 프론트는 센터포인트 7cm, 양쪽 트론트 사이드포인트 약 9cm 손 비 평행으로 연결한다.
9. **마무리** : 아웃라인 정리할 때 네이프 코너 포인트 부분에 튀어나온 곳을 정리한다.
   (라인정리 후 마무리)

37. 예상문제 2026. 커트 3 (수평 보브 그래쥬에이션)

37. 예상문제 2026. 커트 3 도해도 풀이

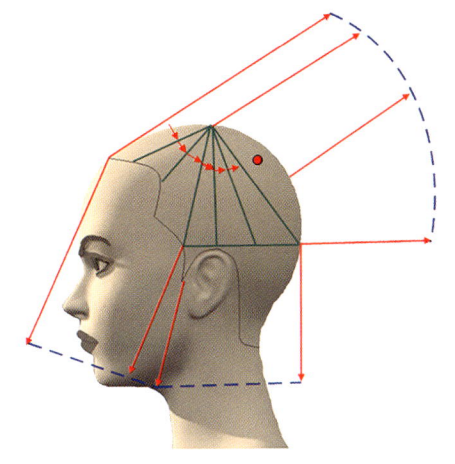 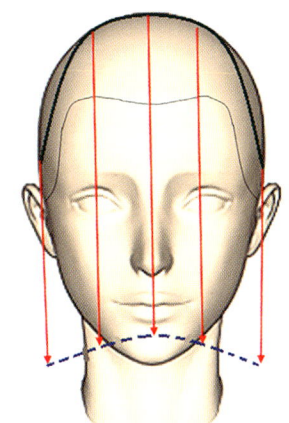

1. 센터포인트 에서 정중선을 나누고 이어백포인트 지점에서 가로 섹션을 나누어 0°로 커트한다.
2. **언더존** : 네이프 포인트 약7~8cm, 백포인트 약15cm로 가이드 설정한다. 원랭스커트를 진행 한다
3. **사이드** : 사이드 포인트까지 파팅을 나누고 네이프 포인트 가이드 길이에 맞추어 자연 시술각 0°로 자른다.
4. **오버존** : 네이프길이에 맞추어 전체 자연시술각 0° 커트한다.
5. **탑포인트** : 백 포인트의 길이가 짧아지지 않게 골덴포인트기준 90도로 각도를 들어 탑의 길이가 길어지게 온베이스로 자른다 .
6. 직전에 자른 파팅까지 끌어다 두 상각 90°로 자른다. (탑의 길이가 짧아지지 않게 주의한다.)
7. 빈복적으로 같은 방법으로 센터 포인트까지 커트한다.
   (센터 포인트 약 18cm, 사이드 포인트 약15cm)
8. **탑** : 탑포인트에서 이어 탑까지 블로킹을 나눈 후 센터 포인트에서 좌우 약 1cm 잡아서 약 18cm 길이로 자른다.
9. **센터** : 센터 포인트 약18cm를 가지고 사이드코너포인트 약15cm 까지 낮은 시술각(0°~30°) 라운드로 연결한다.
10. **마무리** : 연결 후 라인을 정리하고 마무리한다.

38. 예상문제 2026. 펌 1 (수직, 벽돌 혼합형 와인딩)

 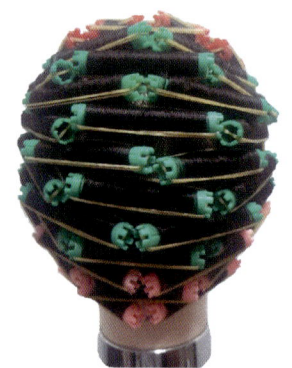 

38. 예상문제 2026. 펌 1 도해도 풀이

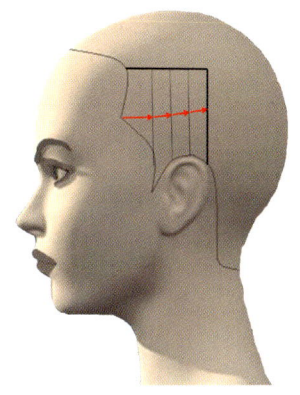 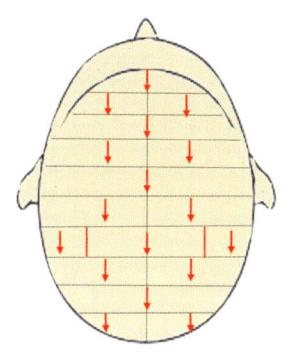 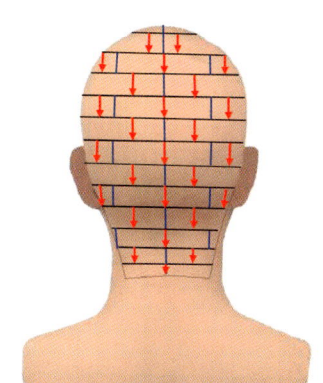

1. **블로킹** : 블로킹 3개 (좌우 1개씩, 남은 영역 1개) 가로 약6cm, 세로 약6cm로 좌, 우 1개씩 직사각형으로 나눈다.
2. **양쪽 사이드** : 뒤 쪽 방향으로 수직 와인딩 한다.
3. **센터** : 센터포인트에서 약 12~13cm 지점까지는 5호 롯드 1, 2 방식으로 7줄 와인딩한다.
4. 7번째 줄을 5호 3개로 와인딩한다.
5. 6호 8줄은 2개로 시작하여 2,3을 반복한다.
6. 7호 영역 약 4cm에 (2,3,2) 3단을 와인딩한다.

※ 파지가 보이지 않게, 구도가 잘 맞을 수 있도록 위치점을 확인하면서 와인딩 한다. 또한 각 회사별 마네킹의 차이가 있어 약간의 오차 범위 참고하기 오차가 있으니, 이 부분은 참고 해서 진행한다.

39. 예상문제 2026. 펌 2 (윤곽 수직 와인딩, 골덴백 양방향 연결와인딩)

39. 예상문제 2026. 펌 2 도해도 풀이

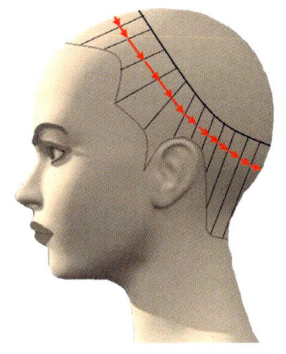 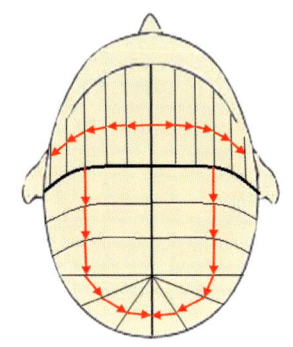 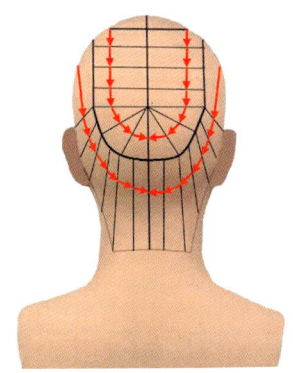

1. 블로킹 총 6개 프론트 2개 측두부 2개 후 두부 2개
2. **오버존** : 센터포인트에서 약 5cm 지점까지 나눈 후 센터포인트에서 아래로 프론트 사이드포인트와 사이드포인트 중간지점 센터포인트에서 약 8cm 내려간 지점에서 스퀘어로 나눈다. 이때 좌, 우의 넓이는 똑같이 나눈다.
3. **탑** : 탑포인트에서 백 네이프 미듐 포인트까지 (가로 약 8cm, 세로 약 16cm) 나누고 라운드로 연결한다. (반대편도 가로 약 8cm 나눈다.)
4. **언더** : 네이프 포인트에서 백 네이프 미듐 포인트까지 약 6cm 지점에서 좌우로 연결해서 파팅을 나눈다.
5. **프론트** : 프론트는 센터 기준 좌, 우 5호 롯드 5개씩, 6호 롯드 좌우 6개씩, 7호 롯드 6개씩 롯드의 크기만큼 파팅을 하여 누상 곡면을 따라 와인딩 한다.
6. **오버존, 미들존** : 좌, 우 (가로 약 8cm, 세로 약 6cm) 직사각 패턴을 만들어 4개씩 와인딩 하고 아래는 1/2 확장으로 각각 3개의 롯드를 좌측은 우측으로, 우측은 좌측으로 모이게 와인딩한다.

※ 파지가 보이지 않게 하고 각각의 롯드 베이스만큼 파팅 하여 롯드의 자리가 부족하지 않게 주의한다.

40. 2026. 예상문제 펌 3(탑수평, 골덴1/2확장, 백수직, 네이프벽돌와인딩)

40. 예상문제 2026. 펌 3 도해도 풀이

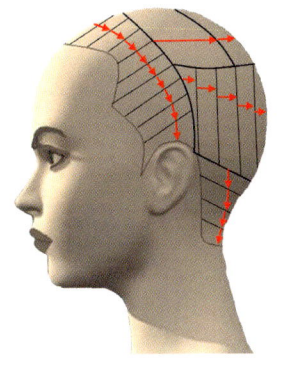 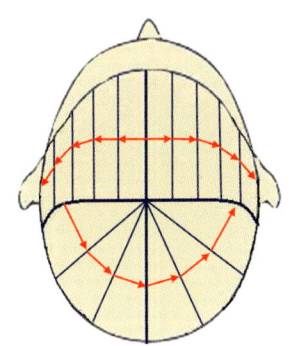 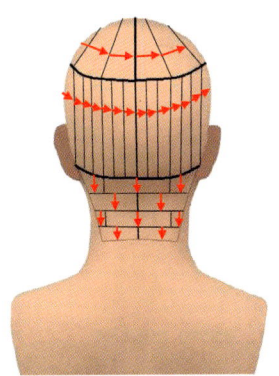

1. **전두부** : 센터포인트에서 약 7cm 지점에서 양쪽 사이드 이어백 포인트까지 (넓이 약 6cm) 라운드로 나눈다.
2. **후두부** : 탑 포인트에서 약 9.5cm 내려간 지점에서 좌우로 라운드 파팅을 나눈다.
4. **언더존** : 네이프 포인트에서 약 5cm 위로 올라가서 라운드로 파팅 한다.
5. **사이드** : 5호 5개, 6호 4개 아래 방향으로 와인딩 한다.
7. **후두부** : 좌에서 우로 방향으로 확장패턴 6개 와인딩 한다.
8. **미들존** : 6호 좌측에서 우측 방향으로 17개 롯드의 두께만큼 떠서 온베이스로 수직 와인딩 한다.
9. **네이프** : 7호 4단 (3개, 2개 방식)으로 화살표 방향으로 와인딩 한다.
10. 롯의 배열, 위치, 각도, 정확히 들어가도록 한다.

※ 1/2 확장 와인딩 시 시작점이 보이지 않게 각도 120°로 들어서 와인딩

CHAPTER

3

도해도 작성 및 서술

Part 01 제시된 도해도를 커트 순서 7가지에 맞게 서술하기

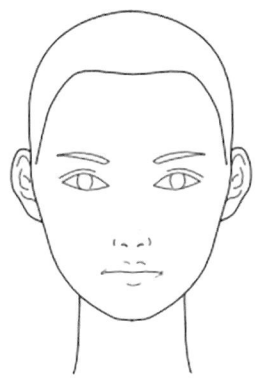
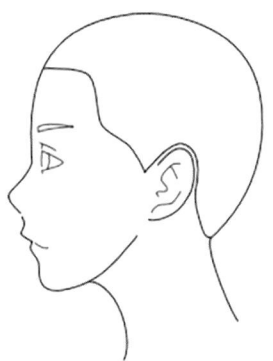
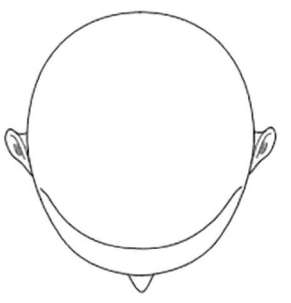
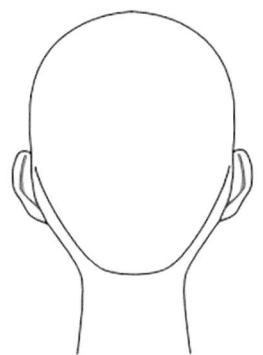
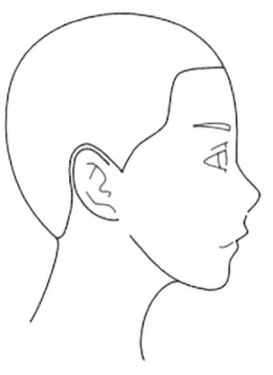

PART 01 제시된 도해도를 커트 순서 7가지에 맞게 서술하기

1. 응용 그래쥬에이션

도해도

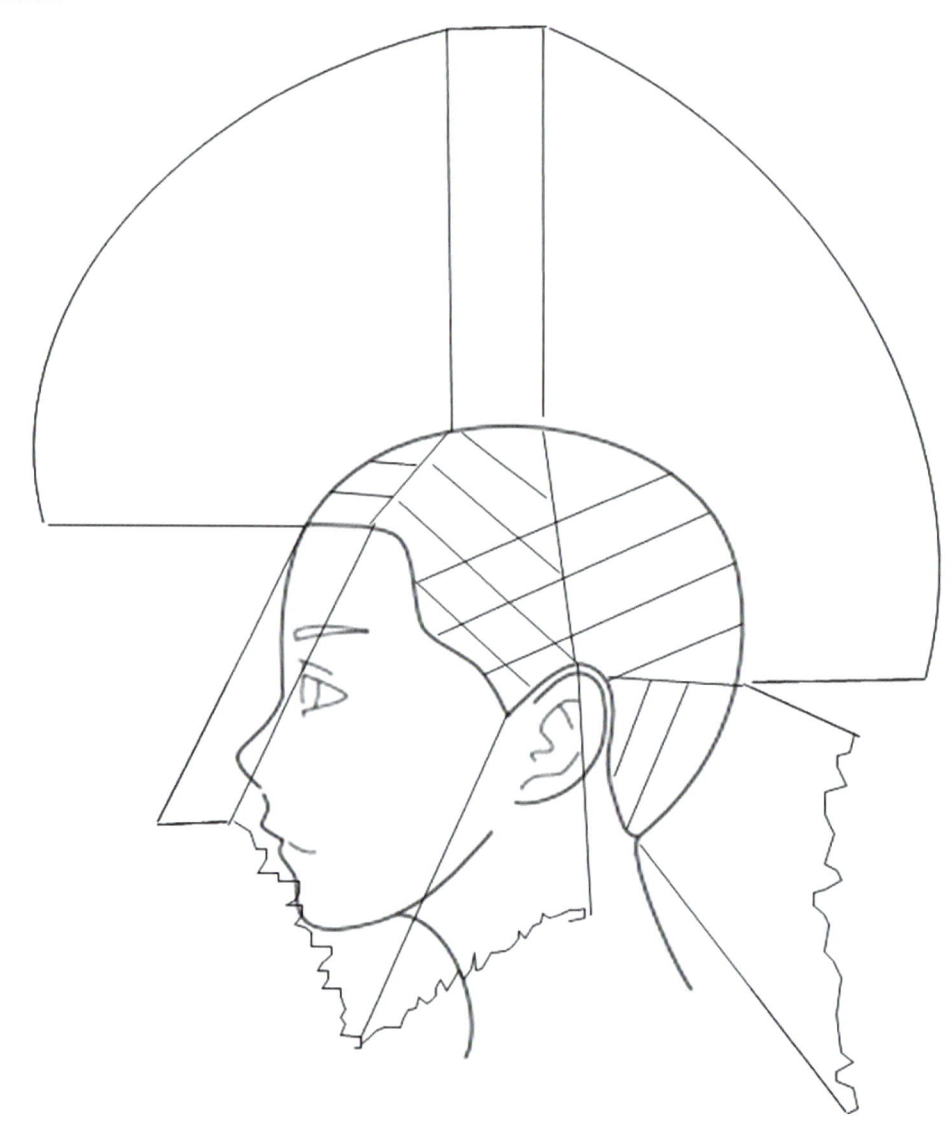

1. 도해도를 분석하여 서술하시오.

① 섹션 나누기 (Sectioning) :

② 머리 위치 (Head Position) :

③ 파팅 (Parting) :

④ 분배 (Distribution) :

⑤ 시술 각 (Projection) :

⑥ 손가락 위치 (Finger Position) :

⑦ 디자인 라인 (Design Line) :

2. 커트의 형태를 서술하시오.

2. 비대칭 그래쥬에이션

도해도

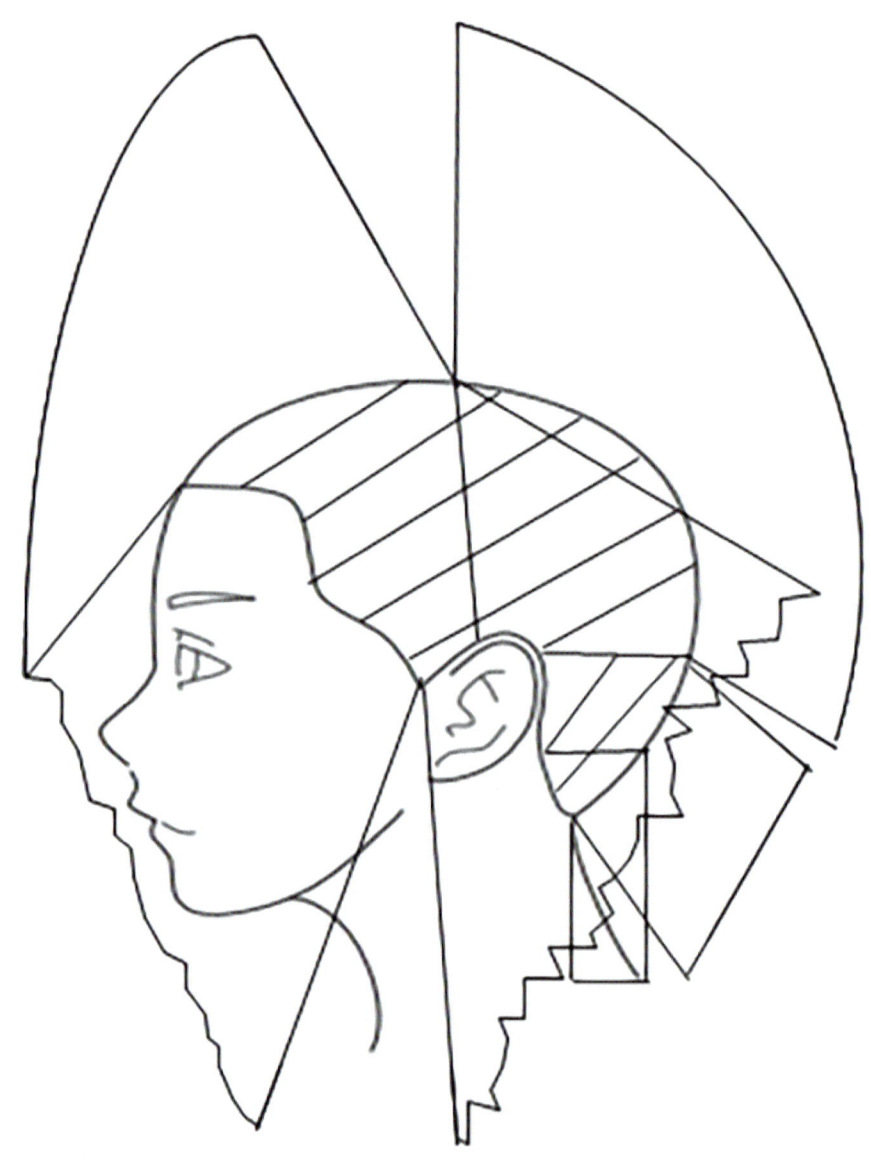

1. 도해도를 분석하여 서술하시오.

① 섹션 나누기 (Sectioning) :

② 머리 위치 (Head Position) :

③ 파팅 (Parting) :

④ 분배 (Distribution) :

⑤ 시술 각 (Projection) :

⑥ 손가락 위치 (Finger Position) :

⑦ 디자인 라인 (Design Line) :

2. 커트의 형태를 서술하시오.

3. 짧은 그래쥬에이션 & 프론트 포인트 컷

도해도

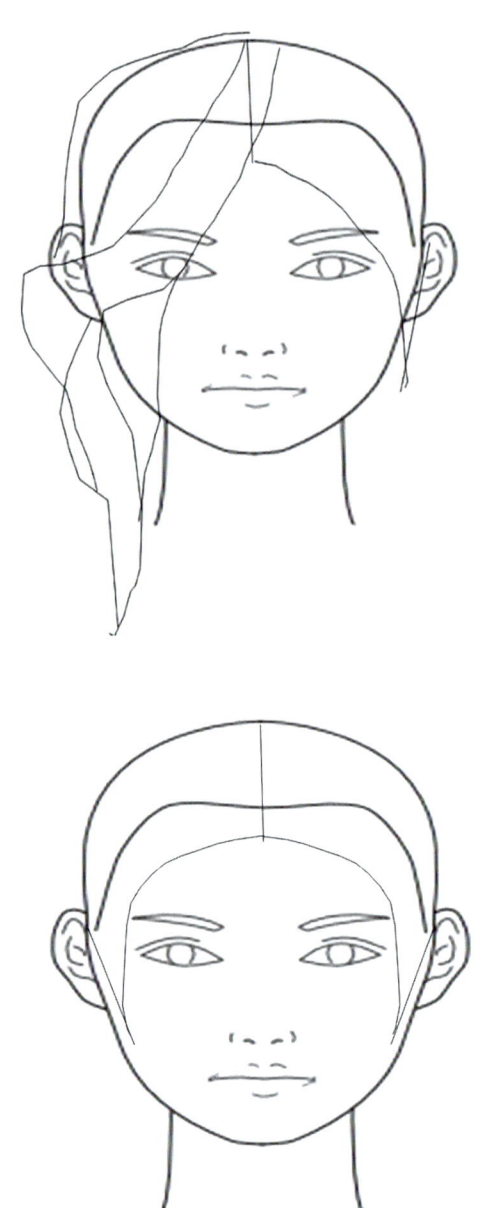
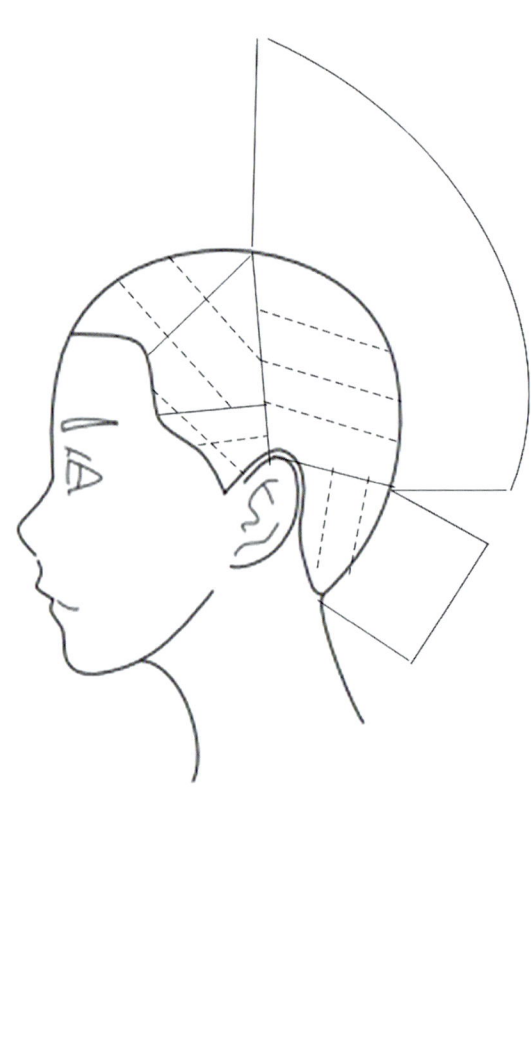

1. 도해도를 분석하여 서술하시오.

① 섹션 나누기 (Sectioning) :
② 머리위치 (Head Position) :
③ 파팅 (Parting) :
④ 분배 (Distribution) :
⑤ 시술 각 (Projection) :
⑥ 손가락 위치 (Finger Position) :
⑦ 디자인 라인 (Design Line) :

2. 커트의 형태를 서술하시오.

4. 투 블록 숏 커트

도해도

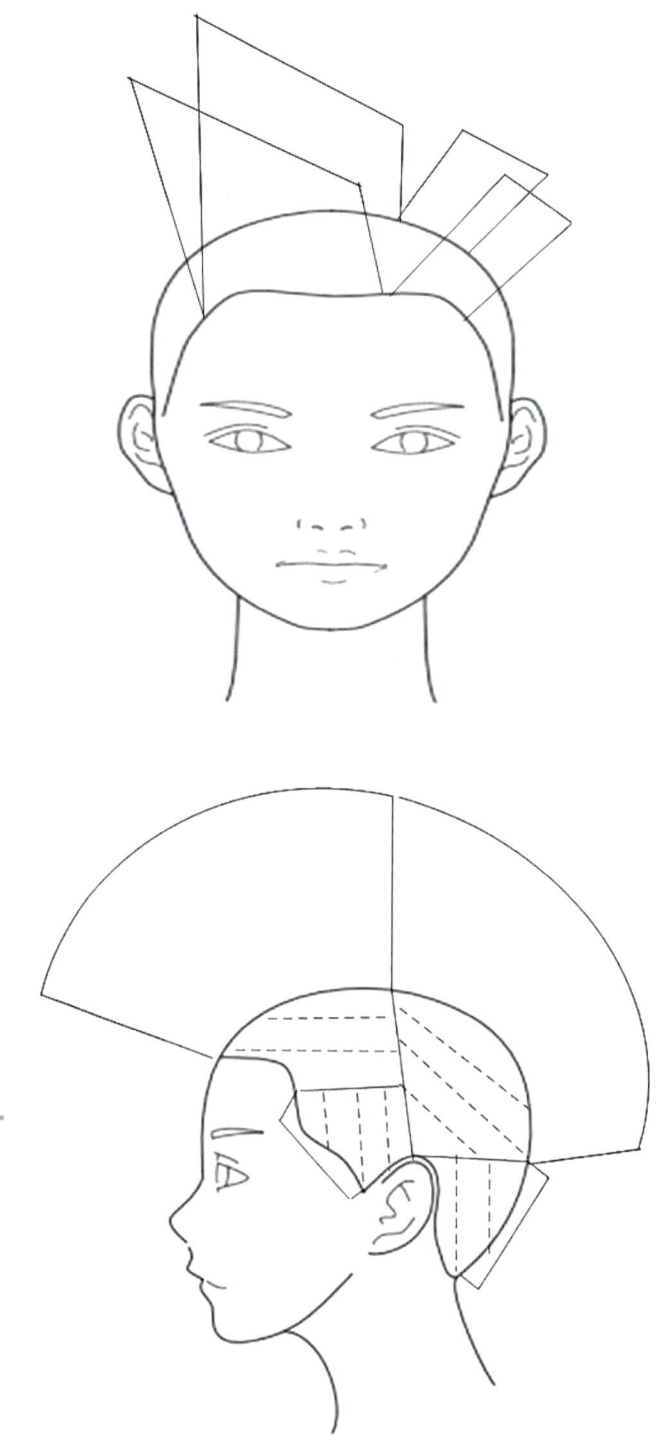

1. 도해도를 분석하여 서술하시오.

① 섹션 나누기 (Sectioning) :

② 머리 위치 (Head Position) :

③ 파팅 (Parting) :

④ 분배 (Distribution) :

⑤ 시술 각 (Projection) :

⑥ 손가락 위치 (Finger Position) :

⑦ 디자인 라인 (Design Line) :

2. 커트의 형태를 서술하시오.

5. 투 블록 유니폼 커트

도해도

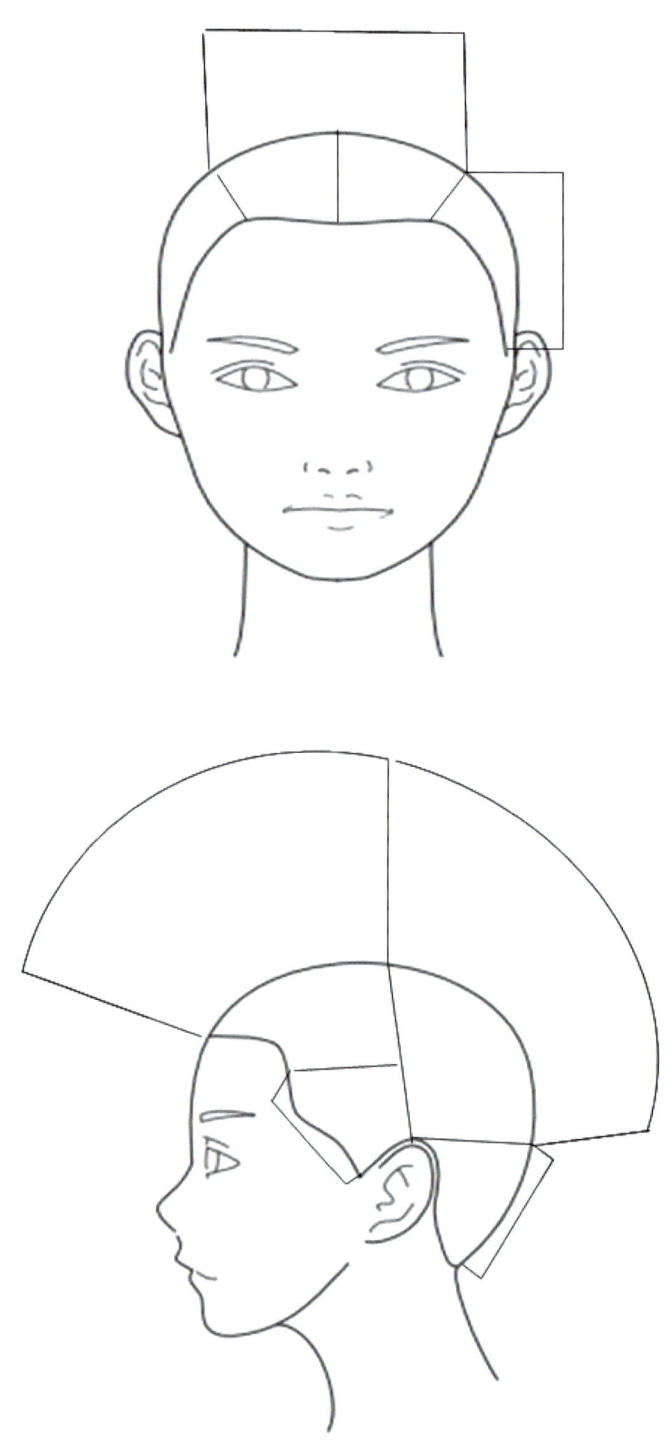

1. 도해도를 분석하여 서술하시오.

① 섹션 나누기 (Sectioning) :

② 머리 위치 (Head Position) :

③ 파팅 (Parting) :

④ 분배 (Distribution) :

⑤ 시술 각 (Projection) :

⑥ 손가락 위치 (Finger Position) :

⑦ 디자인 라인 (Design Line) :

2. 커트의 형태를 서술하시오.

6. 네이프 포인트 그래쥬에이션

도해도

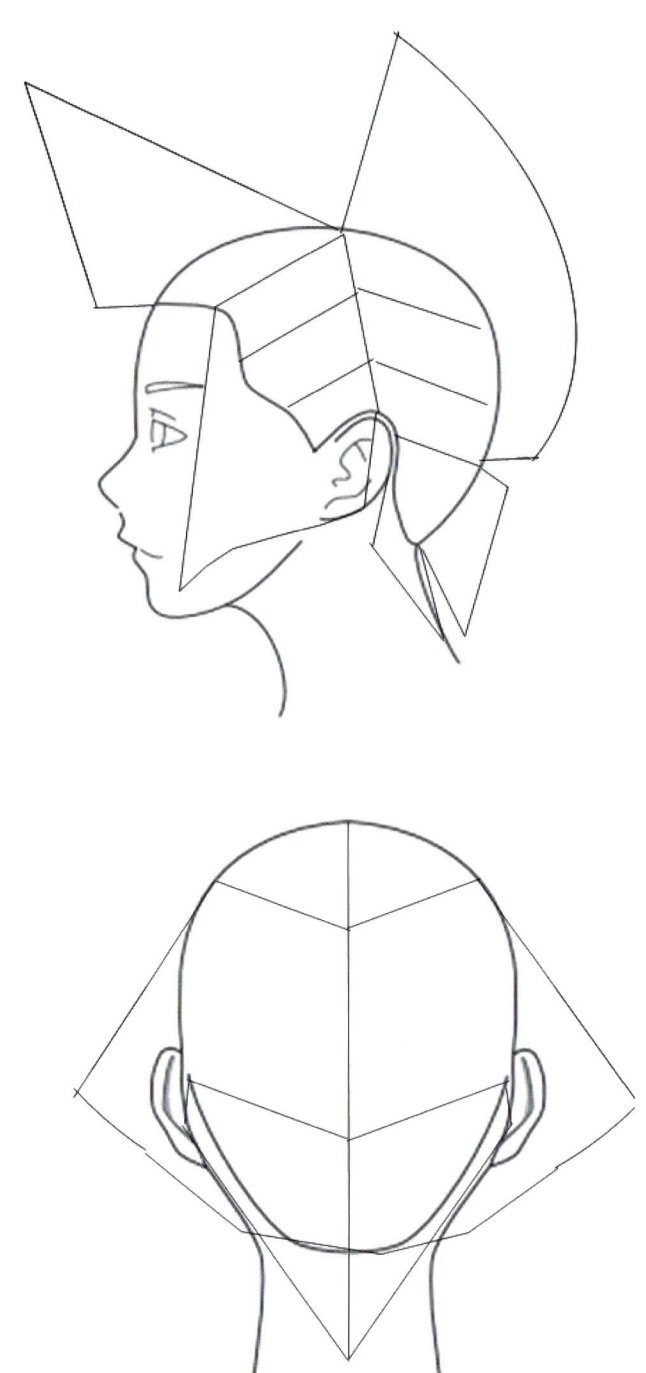

1. 도해도를 분석하여 서술하시오.

① 섹션 나누기 (Sectioning) :
② 머리위치 (Head Position) :
③ 파팅 (Parting) :
④ 분배 (Distribution) :
⑤ 시술 각 (Projection) :
⑥ 손가락 위치 (Finger Position) :
⑦ 디자인 라인 (Design Line) :

2. 커트의 형태를 서술하시오.

7. 투 블록 그래쥬에이션 프론트 포인트 커트

도해도

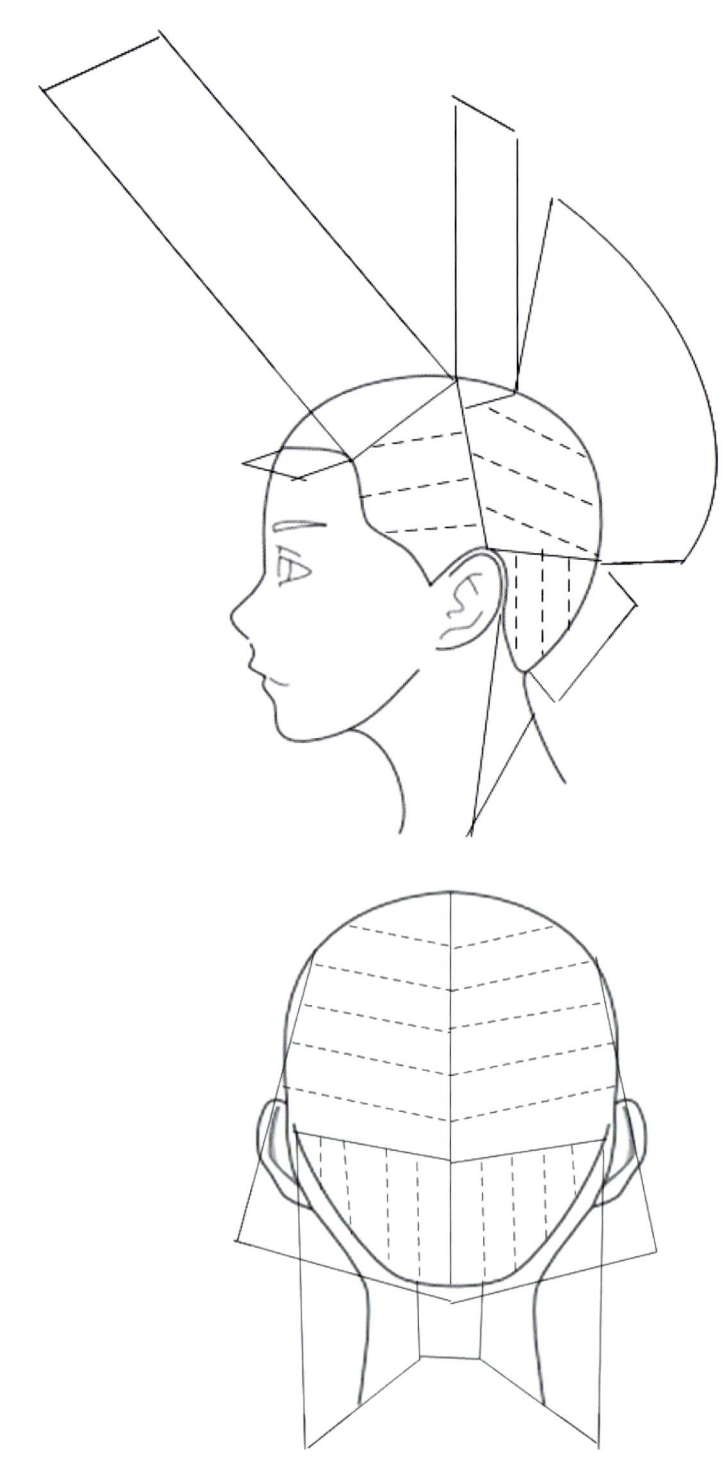

1. 도해도를 분석하여 서술하시오.

① 섹션 나누기 (Sectioning) :

② 머리 위치 (Head Position) :

③ 파팅 (Parting) :

④ 분배 (Distribution) :

⑤ 시술 각 (Projection) :

⑥ 손가락 위치 (Finger Position) :

⑦ 디자인 라인 (Design Line) :

2. 커트의 형태를 서술하시오.

8. 크리에이티브 그래쥬에이션

도해도

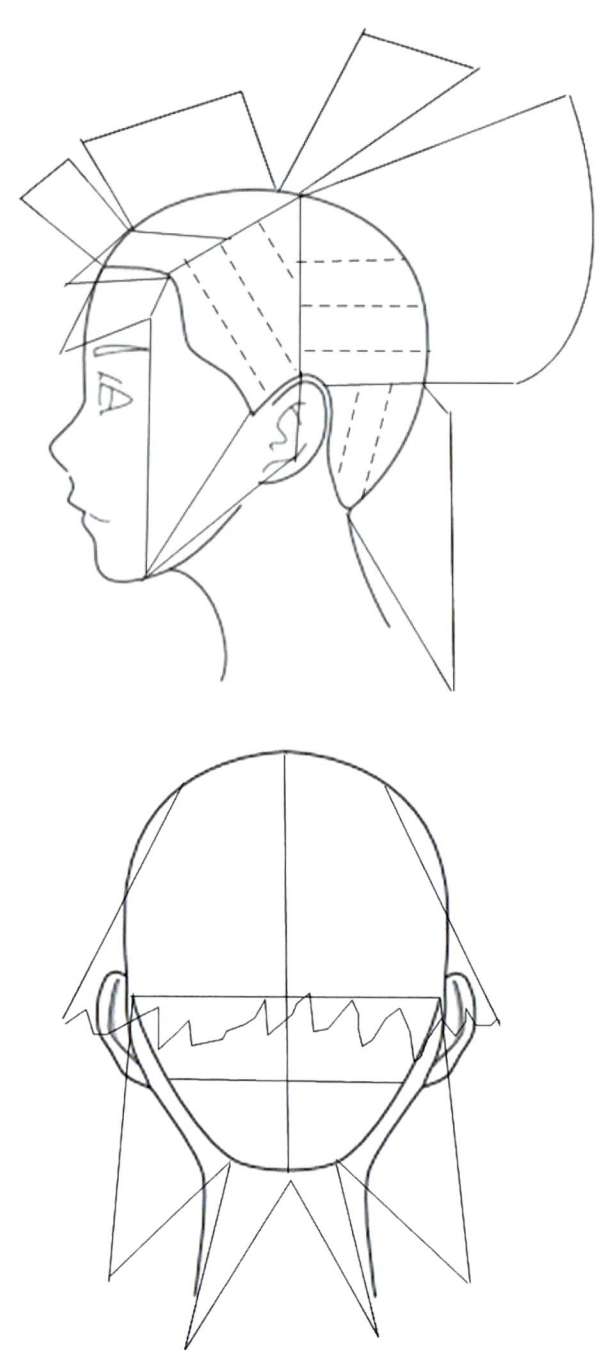

1. 도해도를 분석하여 서술하시오.

① 섹션 나누기 (Sectioning) :

② 머리 위치 (Head Position) :

③ 파팅 (Parting) :

④ 분배 (Distribution) :

⑤ 시술 각 (Projection) :

⑥ 손가락 위치 (Finger Position) :

⑦ 디자인 라인 (Design Line) :

2. 커트의 형태를 서술하시오.

9. 디스커넥션 비대칭 수평 & 전대각 그래쥬에이션

도해도

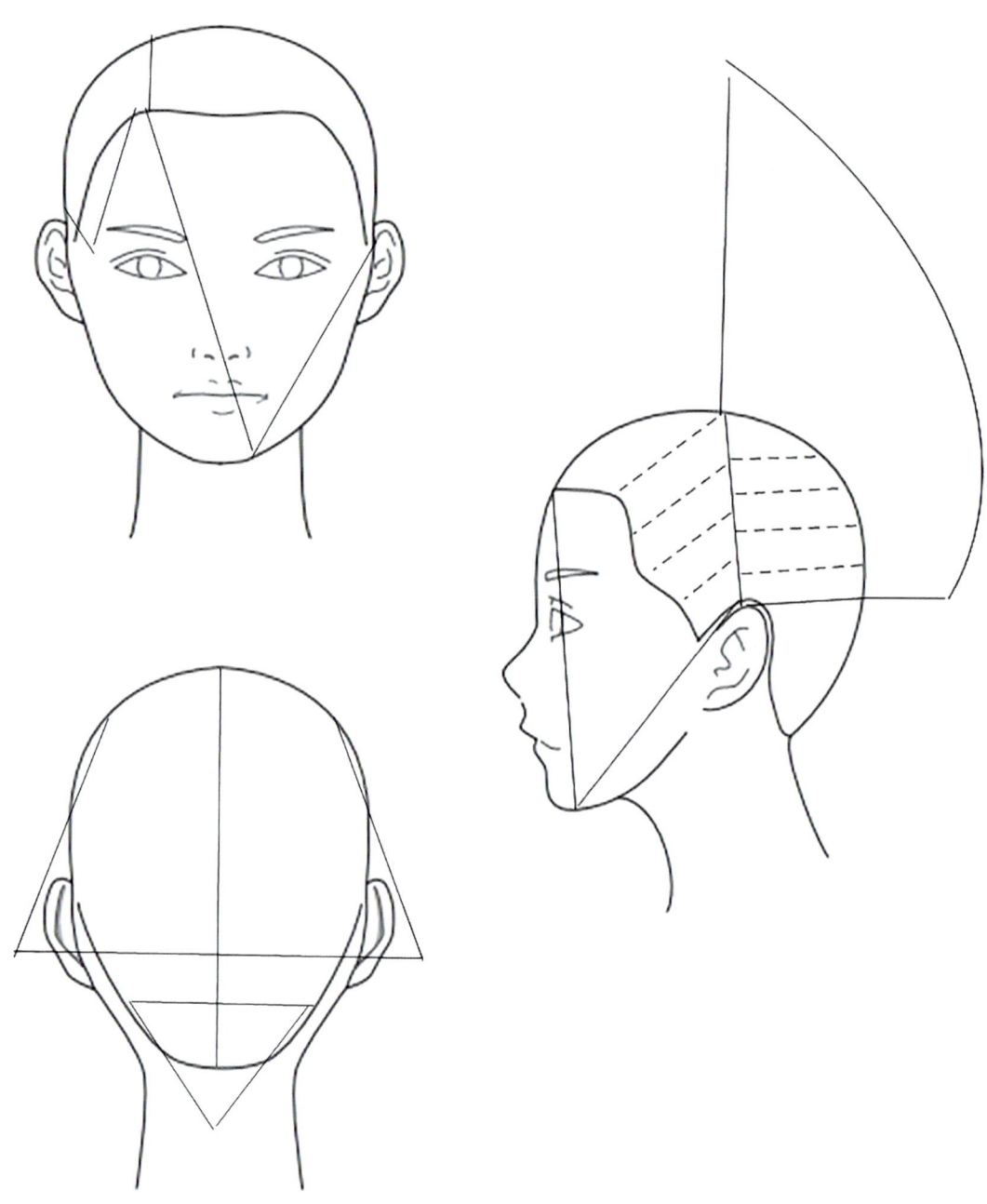

1. 도해도를 분석하여 서술하시오.

① 섹션 나누기 (Sectioning) :

② 머리 위치 (Head Position) :

③ 파팅 (Parting) :

④ 분배 (Distribution) :

⑤ 시술 각 (Projection) :

⑥ 손가락 위치 (Finger Position) :

⑦ 디자인 라인 (Design Line) :

2. 커트의 형태를 서술하시오.

10. 인크리스 & 그래쥬에이션 레이어

도해도

1. 도해도를 분석하여 서술하시오.

① 섹션 나누기 (Sectioning) :
② 머리 위치 (Head Position) :
③ 파팅 (Parting) :
④ 분배 (Distribution) :
⑤ 시술 각 (Projection) :
⑥ 손가락 위치 (Finger Position) :
⑦ 디자인 라인 (Design Line) :

2. 커트의 형태를 서술하시오.

PART 02 제시된 사진을 보고 도해도 작성하기

1. 비대칭 그래쥬에이션

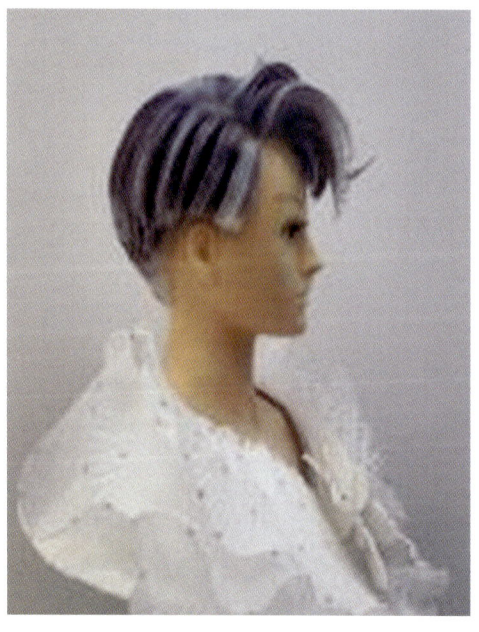
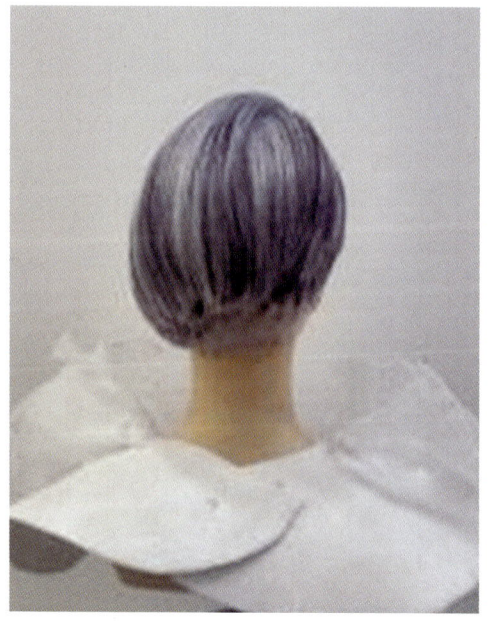

1. 도해도

2. 언발런스 보브

2. 도해도

3. 응용 인크리스

3. 도해도

4. 콤비네이션 (레이어 & 그레쥬에이션)

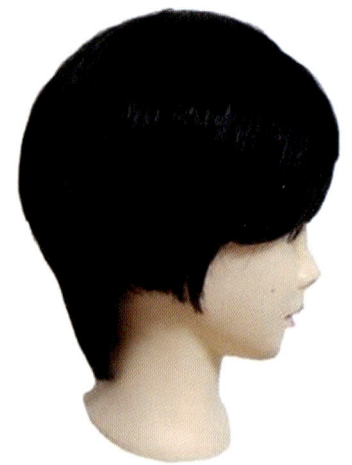

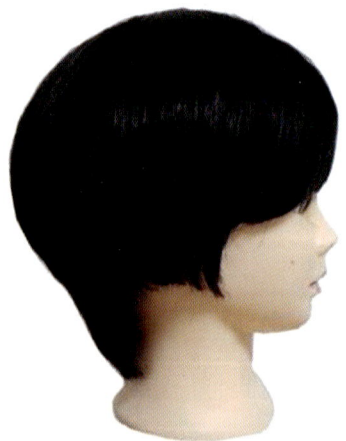

4. 도해도

5. 레이어 & 그레쥬에이션

5. 도해도

5. 수평 보브커트

6. 도해도

부록

2025년 트랜드 컬러 & 커트 작품명

1. 디스 커넥션 보브커트
2. 레이져 커트 보브

도해도

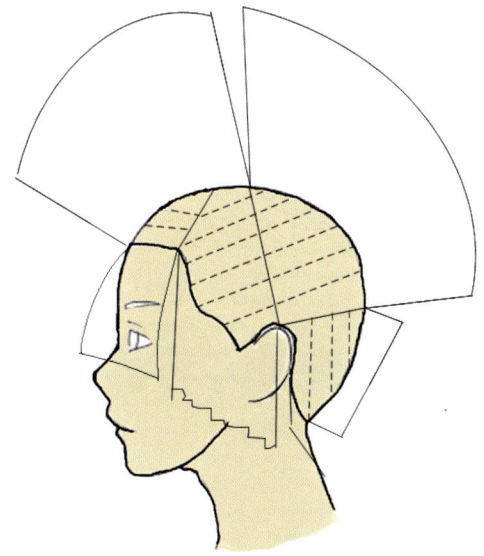

※ Back포인트 아래 네이프는 인크리스레이어 커트로 디스 커넥션이 형성되는 지역이다.

① 블로킹(Blocking): 7등분
② 머리 위치(Head Position): 똑바로
③ 파팅(Parting): 버티컬
④ 분배(Distribution): 변이 분배
⑤ 시술 각(Projection): 일반 시술 각
⑥ 손가락/가위 위치(Finger & Scissors Position): 비 평행으로 시술
⑦ 디자인 라인(Design Line)가이드 : 이동

컬러 시술

컬러와 커트 시술전

봄의 향기를 시각적으로 표현하기 위해, 따뜻하며 명도가 너무 어둡지 않은 7레벨의 명도로 정했다. 또한 발랄하고 명쾌한 느낌을 주기 위해 프론트는 밝은 코랄 빛으로 사용했으며, 네이프는 조금 더 색감이 강한 오렌지로 사용했다.

코랄 오렌지의 컬러를 연결함과 동시에 뿌리의 깊이감을 위해 밝은 레드 빛을 브라운과 믹스해 그라데이션 형태로 시술했다.

커트 시술 순서

① 언더라인은 자연시술각 90°로 들어 온베이스로 진행한다. 손 위치는 비 평행으로 하고, 이때 손 각도는 45°로 기울려서 진행하여 커트한다.
② 언더 라인은 같은 방법으로 진행한다.

③ 미들존은 언더라인과 4㎝ 디스커넥션 하여 전 대각 파팅으로 커트 한다.
④ 탑 부분까지 같은 방법으로 커트 한다.

⑤ 우측 사이드는 그래쥬에이션 커트하 며, 백 사이드를 가이드 시작 한다.
⑥ 섹션은 전 대각으로 하며, 직각 분 배 하여 커트를 진행하고 이때 시술각은 30° 낮은 시술각 으로 한다.

⑦ 좌측 사이드는 낮은 시술각 그래쥬에 이션 커트 하고 백 사이드를 가이드로 시작한다.
⑧ 섹션은 전 대각으로 하며, 직각 분배 하여 커트를 진행하고 이때 시술 각 은 낮은 시술각 30°으로 한다.

⑨ 프론트 C. P에서 가이드를 만들고 f. s .p 와 앞머리를 연결하여 높은 시술각으로 사이드와 자연스럽 게 비평행으로 연결한다.
⑩ 질감 처리는 가벼움을 위해 앤드. 노멀. 딥 테이퍼링을 적절히 혼합하여 완성.

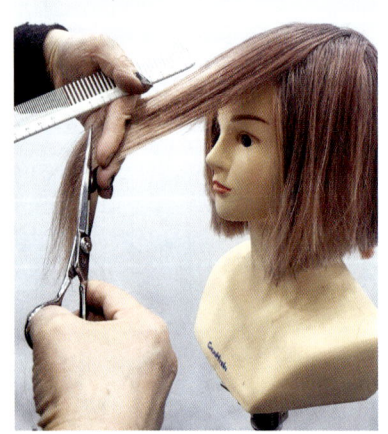

⑪ 좌측 프론트 C. P 에서 가이드를 가지고 f. s .p 와 앞머리를 연결하여 높은 시술각으로 사이드와 자연스럽게 비 평행으로 연결한다.
⑫ 질감 처리는 가벼움을 위해 앤드. 노멀. 딥 테이퍼링을 적절히 혼합하여 완성.

● 완성 작품

도해도

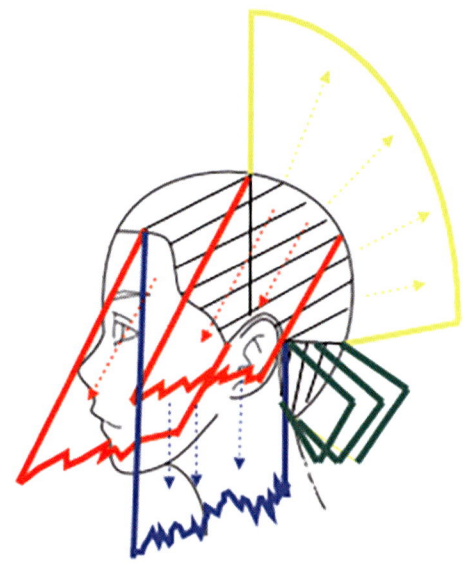

※ Back포인트 아래 네이프는 인크리스레이어 커트로 디스 커넥션이 형성되는 지역이다.

① 블로킹(Blocking): 7등분
② 머리 위치(Head Position): 똑바로
③ 파 팅(Parting): 전 대각
④ 분배(Distribution): 직각 분배
⑤ 시술 각(Projection): 일반 시술각 (두상각)
⑥ 손가락/가위 위치(Finger & Scissors Position): 파팅과 평행
⑦ 디자인 라인(Design Line)가이드 : 이동 가이드

컬러 시술

컬러와 커트 시술전

유행 컬러패턴으로 에쉬블루를 연출하기위해 사파이블루, 재빛, 샌드 컬러를 믹스하여 시술하였으며, B.P를 중심으로 아래와 위로 구분하여 컬러를 다르게 표현하여 커트의 형태 표현을 극대화 시켰다.

사이드 파팅을 중심으로 전체적으로 호일 워크하여 포인트를 주었다. 네이프 부분컬러와 동일하게 터치하여 포인트를 살려 주었다.

● **커트 시술 순서**

① 블로킹 전면 : 사이드 와 프린지를 나눈다.
② 블로킹 측면 : 이어 백을 기준으로 전두보와 후두부로 나눈다.
③ 블로킹 후면 : 정중선을 중심으로 2 등분한다.

④ 백 센터에서는 수직, 온베이스로 자연 시술각 90°로 레져 커트한다.
⑤ 언더라인을 같은 방법으로 커트한다.
⑥ 질감 처리는 딥으로 가볍게 먼저 하고 커트를 하는게 좋다.

⑦ 오버 섹션은 전 대각 파팅으로 바꾸어 커트한다.
⑧ 질감 처리는 가볍게 하면서 커트를 진행한다.
⑨ 사이드에 가이드는 뒷부분의 동일선상에서 가이드를 다지고 시작한다.

⑩ 커트 전 질감 처리를 한다.
⑪ 커트는 애칭 기법으로 한다.
⑫ 반대편의 사이드도 같은 방법으로 진행한다.

 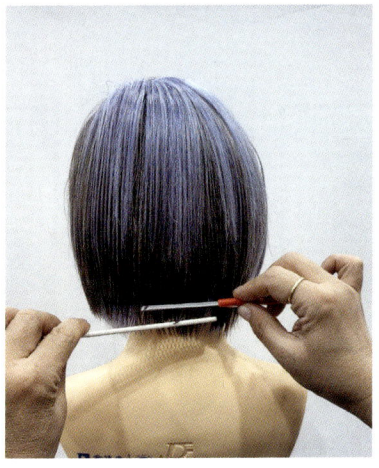 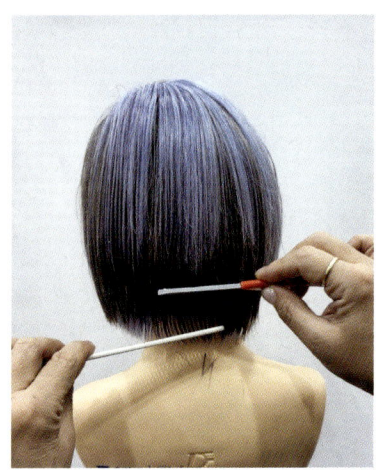

⑬ 프론트는 좌측에서 우측으로 흐르는 커트선을 만든다.
⑭ 레져 회전기법을 이용하여 가벼움을 증가시킨다.
⑮ 레져 회전기법을 이용하여 가벼움을 증가시킨다.

  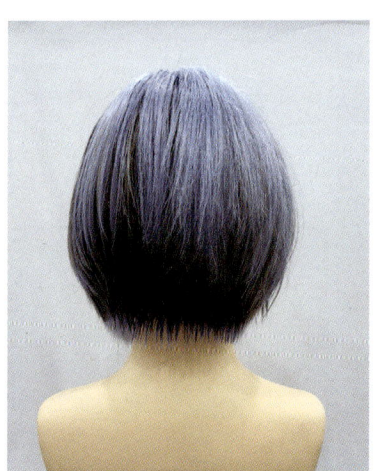

⑯ 완성 된 커트 전면 모습
⑰ 완성 된 커트 측면 모습
⑱ 완성 된 커트 후면 모습

● **완성 작품**

답안지

PART 1   제시된 도해도를 커트 순서 7가지에 맞게 서술하기

1. 응용 그래쥬에이션
2. 비대칭 그래쥬에이션
3. 짧은 그래쥬에이션 & 프론트 포인트 컷
4. 투 블록 숏 커트
5. 투 블록 유니폼 커트
6. 네이프 포인트 그래쥬에이션
7. 투 블록 그래쥬에이션 프론트 포인트 커트
8. 크리에이티브 그래쥬에이션
9. 디스커넥션 비대칭 수평 & 전대각 그래쥬에이션
10. 인크리스 & 그래쥬에이션 레이어

PART 2   제시된 사진을 보고 도해도를 작성하시오

1. 비대칭 그래쥬에이션
2. 언 발런스 보브
3. 응용 인크리스
4. 콤비네이션 (레이어 & 그래쥬에이션)
5. 레이어 & 그래쥬에이션
6. 수평 보브커트

1. 응용 그래쥬에이션

1. 도해도를 분석하여 서술하시오.

① 섹션 나누기 (Sectioning) : 7블로킹

② 머리 위치 (Head Position) : 똑바로

③ 파팅 (Parting) : 버티컬, 전 대각, 후 대각, 수평

④ 분배 (Distribution) : 변이분배, 직각분배

⑤ 시술 각 (Projection) : 자연시술각

⑥ 손가락 위치 (Finger Position) : 비 평행, 평행

⑦ 디자인 라인 (Design Line) : 이동

2. 커트의 형태를 서술하시오.

① 백 포인트 5㎝ 네이프 10㎝ 온베이스 이동 가이드 나칭 기법으로 자른다.

② 인테리어는 전 대각 파팅을 하여 아랫단과 디스커넥션하여 45° 직각분배로 자른다.

③ 탑포인트는 약 20㎝ 길이로 스퀘어로 자른다.

④ 좌, 우 사이드 모드 뒷 가이드에 맞춰 중간 시술각으로 연결한다

⑤ 프론트는 입술 선에 맞추어 가이드를 만들어 낮은 시술각으로 자른다

⑥ 양 사이드는 프론트 머리와 연결하여 포인트로 연결 커트한다.

⑦ 질감 처리는 앤드, 노멀로 마무리한다.

2. 대칭 그래쥬에이션

1. 도해도를 분석하여 서술하시오.

① 섹션 나누기 (Sectioning) : 7블로킹
② 머리 위치 (Head Position) : 똑바로
③ 파팅 (Parting) : 전 대각
④ 분배 (Distribution) : 변이분배, 직각분배
⑤ 시술 각 (Projection) : 자연시술각
⑥ 손가락 위치 (Finger Position) : 비 평행, 평행
⑦ 디자인 라인 (Design Line) : 이동

2. 커트의 형태를 서술하시오.

① 네이프에서 2㎝ 정도를 내려서 길이 8㎝로 잘라서 가이드를 만든다.
② 백부분까지 사선 파팅 하여 두상각 90°온베이스로 자른다
③ 백부분에서 탑(18㎝) 부분까지 전 대각 파팅을 하여 약 80°의 각도를 이용하여 커트한다.
④ 좌, 우 사이드는 이어 포인트의 가이드를 가지고 전 대각 파팅을 하여 약 60°의 각도를 사용하여 커트한다
⑤ 프론트는 우측 파팅하여 좌측 프론트 사이드 포인트와 연결하여 커트한다.
⑥ 질감 처리는 가볍게 앤드, 노멀 로 마무리한다.

3. 짧은 그래쥬에이션 & 프론트 포인트 컷

1. 도해도를 분석하여 서술하시오.

① 섹션 나누기 (Sectioning) : 7블로킹
② 머리위치 (Head Position) : 똑바로
③ 파팅 (Parting) : 버티컬, 후 대각, 수평
④ 분배 (Distribution) : 변이분배직각분배
　시술 각 (Projection) : 일반시술각, 자연시술각
⑥ 손가락 위치 (Finger Position) : 비 평행, 평행
⑦ 디자인 라인 (Design Line) : 이동

2. 커트의 형태를 서술하시오.

① 네이프에서 8㎝ 정도를 내려서 백부분까지 수직 파팅하여 두상각 90° 온 베이스로 자른다.
② 백부분에서 탑 부분까지 (약 16㎝) 후 대각 파팅을 하여 약 80°의 각도를 이용하여 커트한다.
③ 좌측 사이드 코너 포인트 (약 8㎝) 가이드 만들고 후 대각 파팅을 하여 약 60°의 커트한다.
④ 우측은 센터 포인트 약 12㎝ 사이드 코너 포인트 약 25㎝ 만들어 변이분배 약 45°로 슬라이싱하여 연결 커트한다.
⑤ 질감 처리는 가볍게 앤드, 노멀, 딥 까지하고 라인을 정리한다.

4. 투 블록 숏 커트

1. 도해도를 분석하여 서술하시오.

① 섹션 나누기 (Sectioning) : 8블로킹
② 머리 위치 (Head Position) : 똑바로
③ 파팅 (Parting) : 버티컬, 후 대각, 수평
④ 분배 (Distribution) : 변이분배, 직각분배
⑤ 시술 각 (Projection) : 자연시술각
⑥ 손가락 위치 (Finger Position) : 비 평행, 평행
⑦ 디자인 라인 (Design Line) : 이동

2. 커트의 형태를 서술하시오.

① 네이프에서 백 부분까지 수직 파팅으로 4㎝ 길이로 온베이스로 커트한다.
② 인테리어는 엑스테리어와 디스커넥션 후 대각 파팅 직각분배로 약 80°로 자른다.
③ 양 사이드는 수직 파팅으로 뒷가이드를 기준으로 온베이스로 자른다.
④ 전두부는 수평 파팅으로 손 비 평행하여 약 60°의 각도로 커트한다.
⑤ 질감 처리는 앤드로 마무리하고 라인을 정리한다.

5. 투 블록 유니폼 커트

1. 도해도를 분석하여 서술하시오.

① 섹션 나누기 (Sectioning) : 7블로킹
② 머리 위치 (Head Position) : 똑바로
③ 파팅 (Parting) : 버티컬, 수평
④ 분배 (Distribution) : 직각분배
⑤ 시술 각 (Projection) : 일반시술각
⑥ 손가락 위치 (Finger Position) : 평행
⑦ 디자인 라인 (Design Line) : 이동

2. 커트의 형태를 서술하시오.

① 네이프에서 백 부분까지 수직 파팅으로 3㎝ 길이로 온베이스로 커트한다.
② 인테리어는 엑스테리어와 디스커넥션 수평 파팅 두상각 90° 이동 가이드로 자른다.
③ 양 사이드는 수직 파팅으로 3㎝ 길이로 온베이스로 커트한다.
④ 전 두부는 수평 파팅으로 두상각 90°의 이동 가이드 각도로 커트한다.
⑤ 질감 처리는 앤드로 마무리하고 라인을 정리한다.

6. 네이프 포인트 그래쥬에이션

1. 도해도를 분석하여 서술하시오.

① 섹션 나누기 (Sectioning) :　7블로킹
② 머리위치 (Head Position) :　똑바로
③ 파팅 (Parting) : 버티컬, 전 대각, 후 대각, 수평
④ 분배 (Distribution) :　변이분배, 직각분배
⑤ 시술 각 (Projection) : 자연시술각
⑥ 손가락 위치 (Finger Position) : 비 평행 , 평행
⑦ 디자인 라인 (Design Line) : 이동

2. 커트의 형태를 서술하시오.

① 네이프 5㎝에서 백부분 3㎝ 수직 파팅으로 길이로 온베이스로 인크리스 커트한다.
② 인테리어는 엑스테리어와 5㎝ 더 길게 디스커넥션 수평 파팅 자연시술각 70° 이동 가이드로 자른다.
③ 양 사이드는 전 대각 파팅으로 이어 포인트 가이드 기준으로 변이분배 중간 시술각 으로 커트한다. (프론트 사이드 약 18㎝)
④ 전 두부는 수평 파팅으로 자연시술각 0° 로 커트한다.
⑤ 질감 처리는 앤드로 마무리하고 네이프는 V 라인으로 정리한다.

7. 투 블록 그래쥬에이션 프론트 포인트 커트

1. 도해도를 분석하여 서술하시오.

① 섹션 나누기 (Sectioning) : 9블로킹

② 머리 위치 (Head Position) : 똑바로

③ 파팅 (Parting) : 버티컬, 후 대각, 수평

④ 분배 (Distribution) : 변이분배, 직각분배

⑤ 시술 각 (Projection) : 자연시술각

⑥ 손가락 위치 (Finger Position) : 비 평행, 평행

⑦ 디자인 라인 (Design Line) : 이동

2. 커트의 형태를 서술하시오.

① 네이프 4㎝에서 백부분 4㎝ 수직 파팅으로 길이로 온베이스로 커트한다.

② 온베이스를 기준으로 좌, 우 모두 오프 더 베이스로 커트한다.

③ 인테리어는 엑스테리어와 3㎝ 더 길게 디스커넥션 후 대각파팅 자연시술각 6° 이동 가이드로 자른다.

④ 후 상부는 후 중부보다 3㎝ 디스커넥션으로 커트한다.

⑤ 양 사이드는 수평 파팅으로 이어 포인트 가이드 기준으로 직각분배 중간 시술각 으로 커트한다.

⑥ 프린지뱅는 수평 파팅으로 자연시술각 0°로 약 3㎝가 되게 커트한다.

⑦ 전두부는 프론트 사이드 기중 약 30㎝ 길이가 되게 슬라이싱한다.

8. 질감 처리는 앤드, 노멀, 딥으로 마무리하고 네이프는 V 라인으로 정리한다.

8. 크리에이티브 그래쥬에이션

1. 도해도를 분석하여 서술하시오.

① 섹션 나누기 (Sectioning) : 8블로킹
② 머리 위치 (Head Position) : 똑바로
③ 파팅 (Parting) : 버티컬, 후 대각, 수평
④ 분배 (Distribution) : 변이분배, 직각분배
⑤ 시술 각 (Projection) : 자연시술각, 일반시술각
⑥ 손가락 위치 (Finger Position) : 비 평행, 평행
⑦ 디자인 라인 (Design Line) : 이동

2. 커트의 형태를 서술하시오.

① 네이프 10㎝에서 백 부분 4㎝ 수직 파팅으로 길이로 온베이스로 커트한다.
② 온베이스를 기준으로 좌, 우 모두 오프더 베이스로 커트한다.
③ 인테리어는 엑스테리어와 5㎝ 더 길게 디스커넥션 후 대각 파팅 자연시술각 약 80° 이동 가이드로 자른다.
④ 양 사이드는 후 대각 파팅으로 프론트 사이드 포인트 5㎝ 사이드 코너 포인트 11㎝ 기준으로 변이분배 중간 시술각 으로 커트한다.
⑥ 프린지 뱅은 수평 파팅으로 자연시술각 0°로 우측으로 흐르는 커트한다.
⑦ 전 두부는 우측 프론트 11㎝ 기준으로 유니폼 레이어를 하고 탑 부분의 작은 섹션은 약 14㎝의 레이어 커트한다.
⑧ 질감 처리는 앤드, .노멀로 마무리하고 라인 정리 한다.

9. 디스커넥션 비대칭 수평 & 전대각 그래쥬에이션

1. 도해도를 분석하여 서술하시오.

① 섹션 나누기 (Sectioning) : 6블로킹
② 머리 위치 (Head Position) : 똑바로
③ 파팅 (Parting) : 수직, 전 대각, 수평
④ 분배 (Distribution) : 변이분배, 직각분배
⑤ 시술 각 (Projection) : 자연시술각
⑥ 손가락 위치 (Finger Position) : 비 평행, 평행
⑦ 디자인 라인 (Design Line) : 이동

2. 커트의 형태를 서술하시오.

① 네이프에서 백부분까지 수직 파팅으로 4㎝ 길이로 온베이스 커트한다.
② 백 부분에서 탑 포인트 까지 수평 파팅하여 자연시술각 약 60° 이동 가이드로 자른다.
③ 좌측 사이드는 전 대각 파팅으로 싸이드 코너 포인트 11㎝ 기준으로 변이분배 중간 시술각 으로 커트한다.
④ 우측 사이드는 전 대각 파팅으로 사이드 코너 포인트 3㎝ 기준으로 변이분배 중간 시술각 으로 커트한다.
⑤ 질감 처리는 앤드, .노멀으로 마무리하고 네이프 라인은 V 라인으로 정리한다.

10. 인크리스 & 그래쥬에이션 레이어

1. 도해도를 분석하여 서술하시오.

① 섹션 나누기 (Sectioning) : 7블로킹
② 머리 위치 (Head Position) : 똑바로
③ 파팅 (Parting) : 버티컬, 전 대각, 후 대각, 수평
④ 분배 (Distribution) : 변이분배, 직각분배
⑤ 시술 각 (Projection) : 자연시술각
⑥ 손가락 위치 (Finger Position) : 비 평행, 평행
⑦ 디자인라인 (Design Line) : 이동

2. 커트의 형태를 서술하시오.

① 네이프에서 20㎝ 백 부분 5㎝ 수직 파팅 온베이스 커트한다.
② 백부분에서 탑 포인트까지 전 대각 파팅하여 자연시술각 약 45° 이동 가이드로 자른다.
③ 양 사이드는 후 대각 파팅으로 사이드 코너 포인트 약 23㎝ 프론트 사이드 포인트 약 15㎝ 기준으로 변이 분배 중간 시술 각으로 커트한다.
④ 프론트는 수평 파팅으로 센터 포인트 약 15㎝ 기준으로 직각 분배 중간 시술 각으로 커트한다.
⑤ 질감 치리는 엔드, 노멀, 딥으로 미무리하고 정리한다.

● **도해도 작성 답안지**

1. 도해도

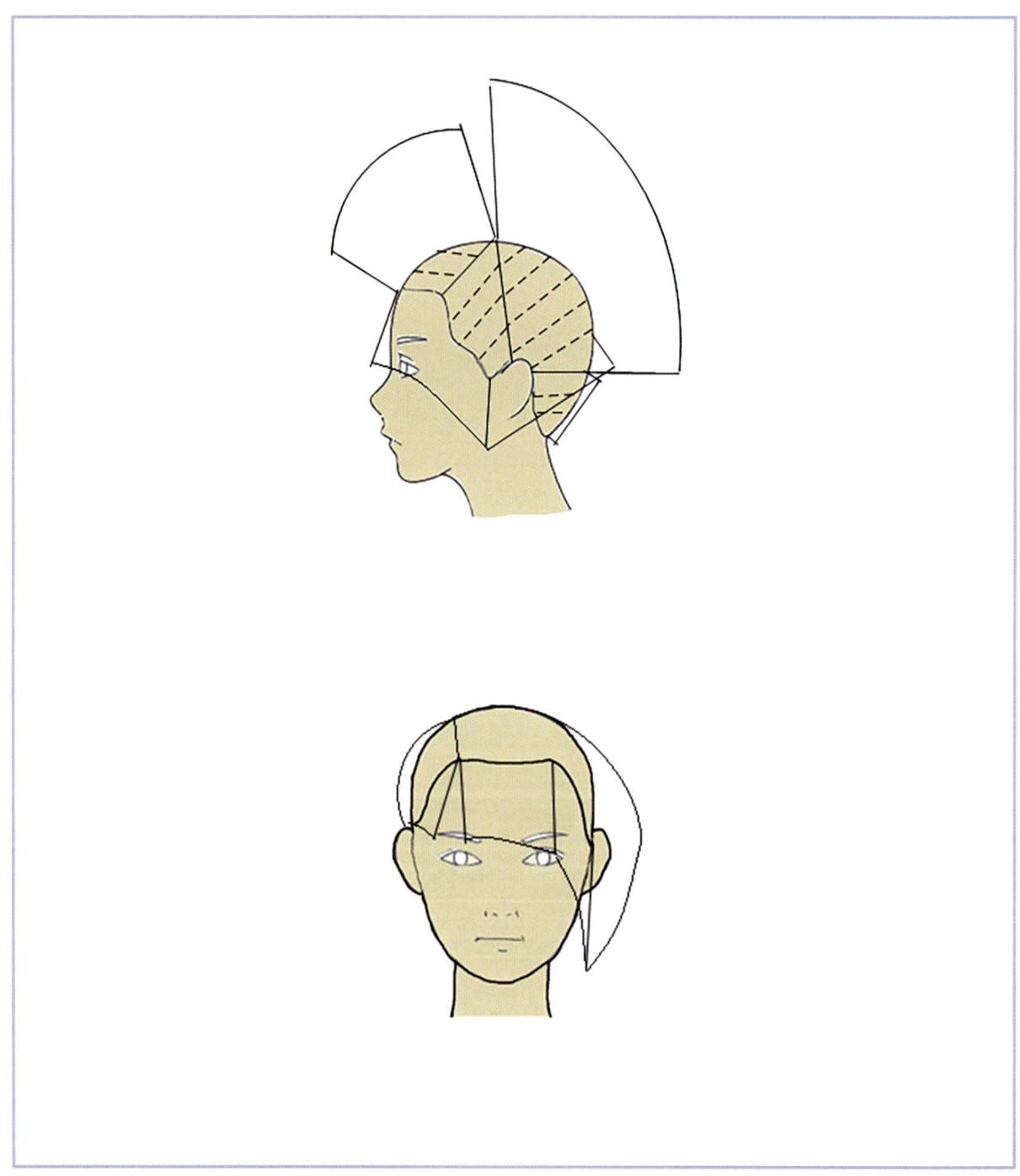

2. 도해도

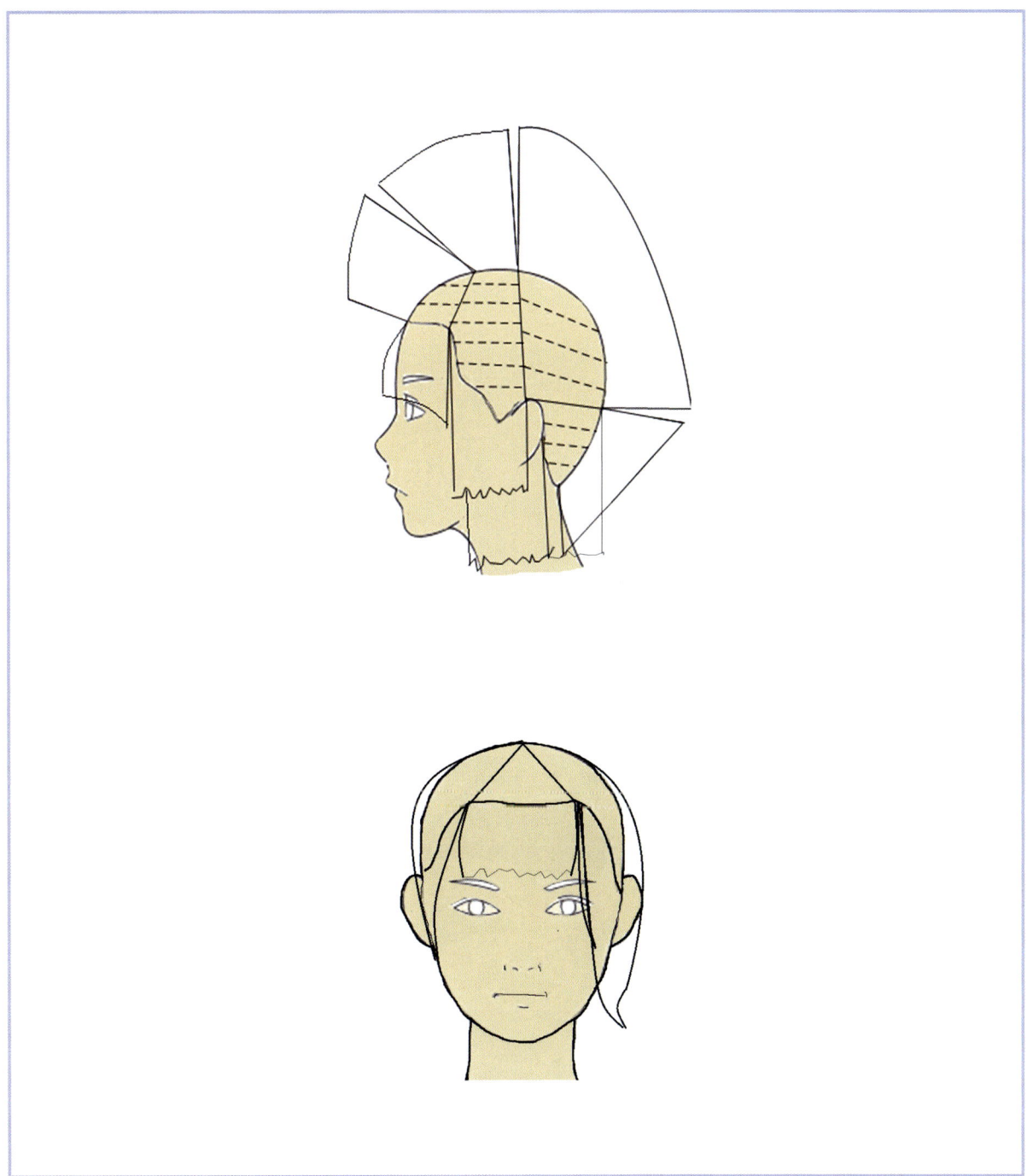

3. 도해도

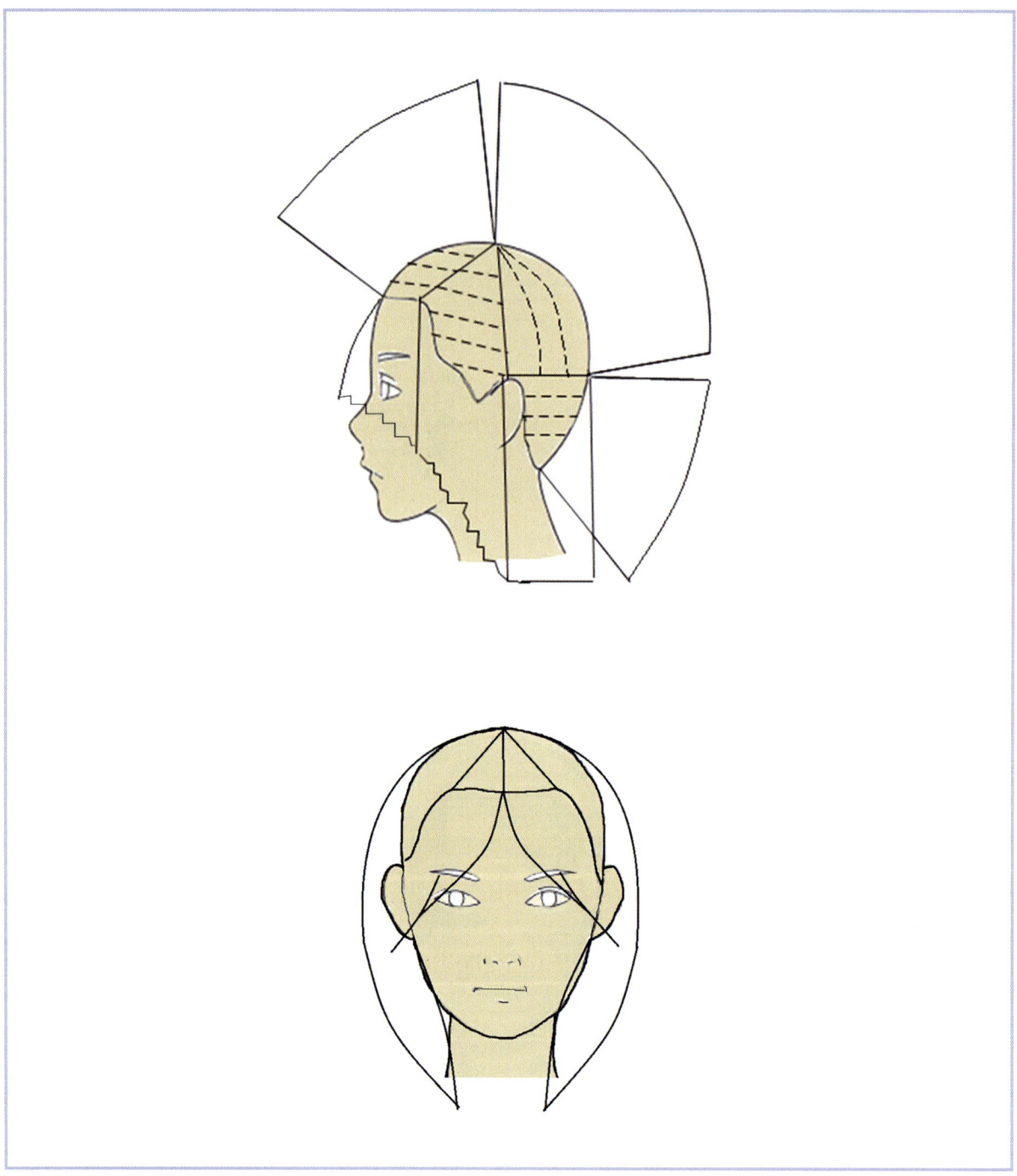

4. 도해도

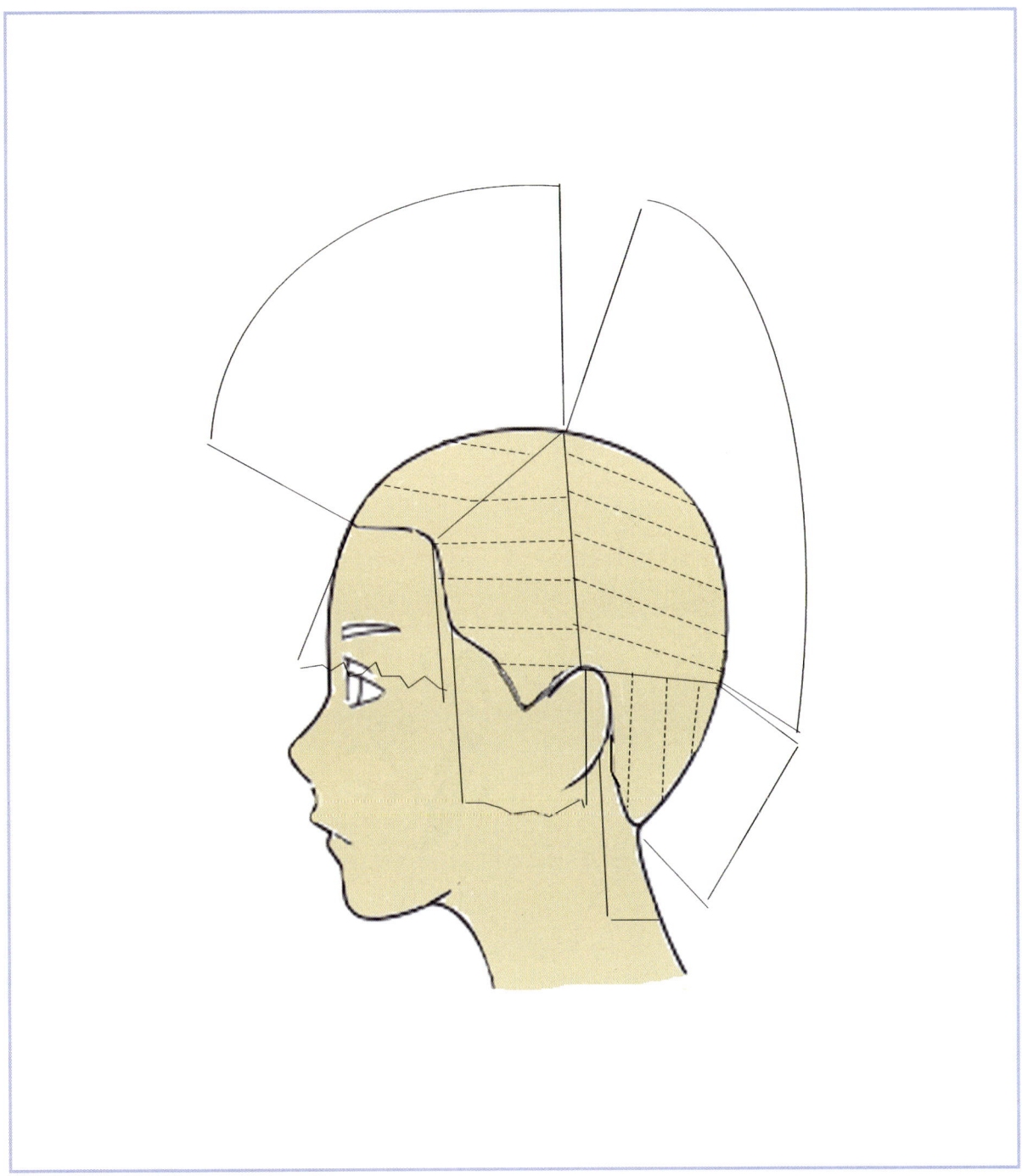

5. 도해도

6. 도해도

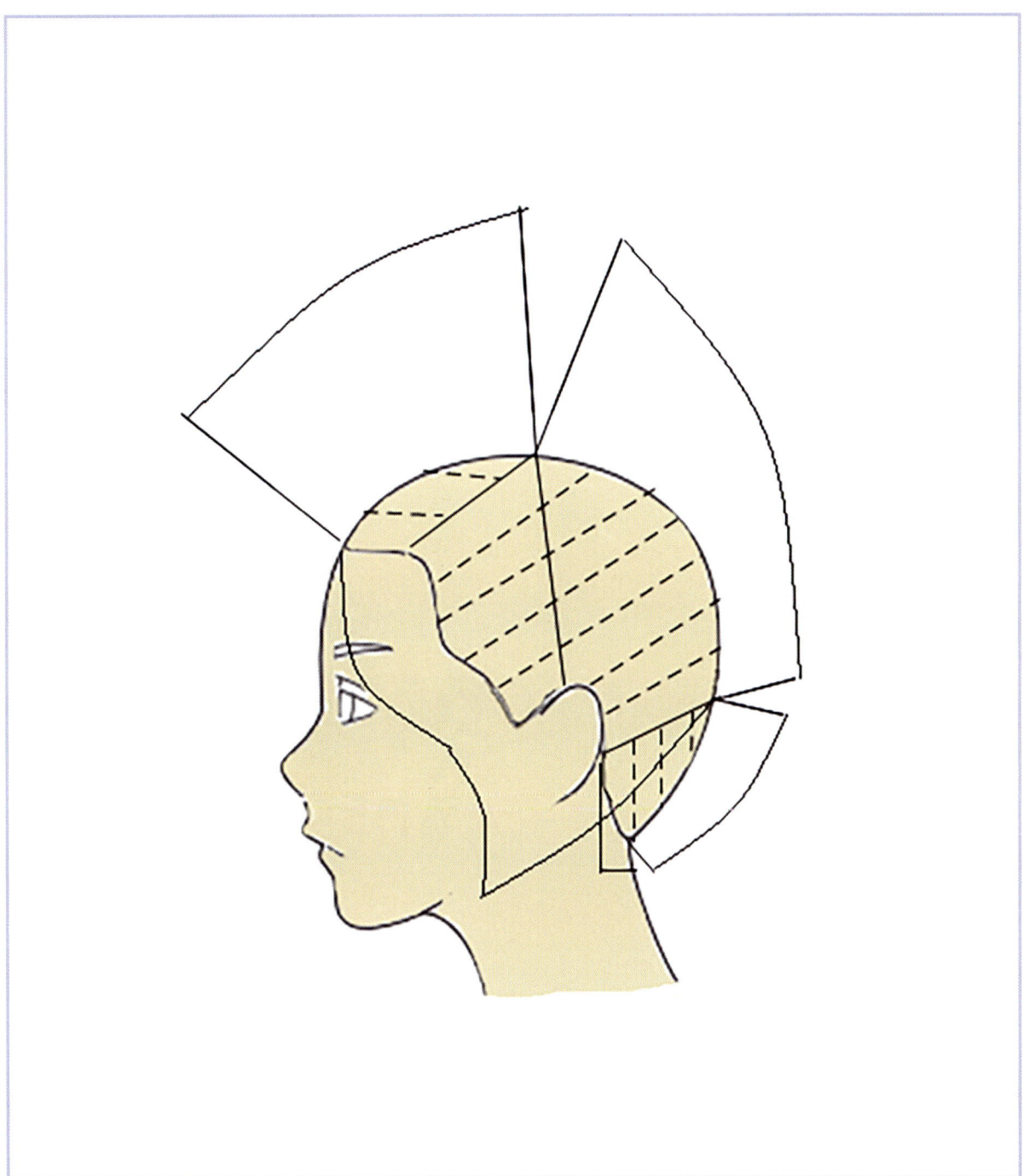

대학 입시부터 취업까지
미용 ALL PASS 헤어커트

발 행 일	2025년 9월 5일 초판 인쇄
	2025년 9월 10일 초판 발행
저 자	오화정·안소은 공저
발 행 처	
	http://www.crownbook.co.kr
발 행 인	李尙原
신고번호	제 300-2007-143호
주 소	서울시 종로구 율곡로13길 21
공 급 처	(02) 765-4787, 1566-5937
전 화	(02) 745-0311~3
팩 스	(02) 743-2688, 02) 741-3231
홈페이지	www.crownbook.co.kr
I S B N	978-89-406-5016-5 / 13590

저자 협의
인지 생략

특별판매정가   28,000원

이 도서의 판권은 크라운출판사에 있으며, 수록된 내용은
무단으로 복제, 변형하여 사용할 수 없습니다.
Copyright CROWN, ⓒ 2025 Printed in Korea

이 도서의 문의를 편집부(02-744-4959)로 연락주시면
친절하게 응답해 드립니다.